I0396734

# Evolución humana y humanización del mundo
## (Antropología, Prehistoria y Arqueología)

17/12/2015

*Eloy Andrés Gómez Motos*

d asdfghjklzxcvbnmqwertyuiopasdfghjklz
xcvbnmqwertyuiopasdfghjklzxcvbnm
qwertyuiopasdfghjklzxcvbnmqwerty
uiopasdfghjklzxcvbnmqwertyuiopasd
fghjklzxcvpppbuiqwertyuiopasdfghj
klzxcvbnmqwertyuiopasdfghjklzxcvb
nmqwertyuiopasdfghjklzxcvbnmqwe
rtyuiopasdfghjklzxcvbnmrtyuiopasdf
ghjklzxcvbnmqwertyuiopasdfghjklzx
cvbnmqwertyuiopasdfghjklzxcvbnmq
wertyuiopasdfghjklzxcvbnmqwertyui
opasdfghjklzxcvbnmqwertyuiopasdfg
hjklzxcvbnmqwertyuiopasdfghjklzxc
vbnmqwertyuiopasdfghjklzxcvbnmq
wertyuiopasdfghjklzxcvbnmqwertyui
opasdfghjklzxcvbnmqwertyuiopasdfg
hjklzxcvbnmqwertyuiopasdfghjklzxc

# ÍNDICE

## LA EVOLUCIÓN HUMANA: UNA AVENTURA DE HALLAZGOS Y REVISIONES

*Familia Leakey*

La historia de la humanidad tiene para el profano el aspecto de algo estático, sin cambios: lo pasado, pasado está. Cuando se explica/estudia la historia del pasado, ¿qué novedades puede haber? La Historia de España debe ser siempre la misma, la Segunda Guerra Mundial, nunca la va a ganar el Eje, en la Edad Media no va a suceder ningún hecho que la cambie, porque *ya pasó*. Sin embargo cualquier docente de la materia sabe que lo que se explicó el curso anterior debe ser revisado para el siguiente, debido a múltiples factores. Lo que era importante en el programa anterior, ha de ser desplazado frente a otros hechos que los cambios políticos recientes consideran de mayor trascendencia; un hecho dado por cierto hace unos años, tiene que ser reinterpretado a la luz de nuevos hallazgos documentales que lo desmienten. Si esto es así en general, mucho más lo es en el caso de la investigación y estudio de la evolución humana en la Prehistoria, ya que se trata de un conocimiento con varias características especiales: su estudio ha comenzado recientemente, las evidencias de las que se disponen son relativamente escasas, fragmentarias y su hallazgo depende en gran medida del azar, y en un gran número de casos no son nada concluyentes y están sujetas a especulaciones muchas veces ajenas al ámbito estrictamente científico. Es por eso que podemos considerar las investigaciones como una aventura cuyos resultados a veces cambian todo el conocimiento que anteriormente se tenía por válido.

¿En qué momento podemos considerar que empieza esta aventura? Está claro que desde muy antiguo se ha intentado dar respuesta al origen de nuestra especie, pero dejaremos de lado las especulaciones de los filósofos griegos o de las religiones y nos ceñiremos estrictamente a la aparición del registro fósil humano. Si bien los primeros intentos de explicar el registro fósil corresponden al s. XVII, cuando Robert Hooke, al observar conchas y maderas petrificadas, formuló que su origen podía deberse a haber sido empapados por "agua impregnada en partículas de piedra y tierra", la idea de que pertenecieran a "especies extinguidas" era difícilmente compatible con lo narrado en la Biblia. El naturalista Cuvier, a principios del XIX afirmo que los restos fósiles de los enormes animales prehistóricos no podían pertenecer más que a animales extinguidos en una gran catástrofe (catastrofismo). Por tanto las especies existentes en la tierra habían cambiado desde la creación, lo que podía compatibilizarse con las ideas religiosas por medio del diluvio universal. En cuanto al ser humano, en este mismo contexto protocientífico, se encontraban herramientas líticas (conocidas como *ceraunias*) y también restos semejantes a los de los humanos actuales, que planteaban la duda de si eran fósiles (restos antediluvianos) o no (postdiluvianos). Al margen de algunos restos de huesos humanos petrificados y piedras talladas considerados antediluvianos que desataron cierta polémica en el s. XVIII, el ejemplo más claro de hallazgo fósil humano y de las controversias que suscitaban este tipo de descubrimientos lo tenemos en el cráneo de Engis, encontrado en 1829 en Lieja por Philippe-Charles Schmerling en la cueva del mismo nombre. Frente a Cuvier, que afirmaba que no habían quedado restos de los humanos antediluvianos, su descubridor se afirmó en la postura de que la situación de los restos fósiles humanos tenía el mismo color que los restos de otros mamíferos encontrados en el mismo contexto, y el mismo grado de fragmentación y conservación, lo que no los identificaba como modernos. Más de cien años después, los restos conocidos como Engis 2, fueron adscritos a la especie *homo neandertalensis*, considerándose los primeros restos encontrados de la misma.

En 1848 se encontró en una cantera de Gibraltar un espécimen del que no se haría una descripción oficial hasta 1907, cuando ya se podía decir que era un *neandertal*. Esta fue la primera clase de humano diferente en ser clasificada, todo gracias a otros restos encontrados en una cantera alemana del valle de Neander en 1856 y que de nuevo volvieron a envolverse en la discusión sobre su antigüedad. Los trabajadores entregaron los huesos a un maestro que indicó que aquello era una especie nueva de ser humano, pero desde la universidad de Bonn se insistía en que podrían ser los rasgos de un soldado cosaco, o incluso alguien que había pasado mucho tiempo con el ceño fruncido... Otros restos fueron encontrados en 1868 Francia, en Cro-Magnon por unos trabajadores del ferrocarril y fueron investigados por Lartet. A todos estos restos se les daban explicaciones de lo más peregrinas, todo por no dar crédito a una antigüedad que chocara con las creencias tradicionales, a las que por aquella época les había surgido ya un potente enemigo: las teorías de la evolución a través de la selección natural de Darwin (*El origen de las especies*, 1859, *El origen del hombre*, 1871). Aún sin conocimientos de genética, la teoría en esencia sostiene que, a causa del problema por la disponibilidad de alimentos, los miembros de las distintas especies compiten intensamente por su supervivencia. Los que sobreviven muchas veces presentan variaciones naturales favorables que se transmitirán a través de la herencia a la siguiente generación. En consecuencia, cada generación mejorará en términos adaptativos con respecto a las anteriores, y este proceso gradual y continuo es la causa de la evolución de las especies. Si los seres vivos habían evolucionado por causas naturales, esto suponía la negación de la creación divina, y si este proceso afectaba de igual manera al ser humano, era eliminar el papel central de este en la creación y rebajarlo al nivel de los animales.

Con este telón de fondo el anatomista holandés François Thomas Dubois inició su búsqueda de restos humanos antiguos en Indonesia, ya que para él todo indicaba que allí podía encontrarse el "eslabón perdido" entre simios y humanos. Y milagrosamente encontró lo que esperaba en 1891 dando lugar a otro "nuevo ser humano", el *Homo erectus*. Son los restos conocidos hoy como hombre de Trinil o de Java, que Dubois proclamó como eslabón perdido y denominó *Pithecantrhopus erectus* ya que las características de un fémur encontrado indicaban que caminaba erguido. En aquella época se le dio una datación por medios geológicos de unos 500.000 años de antigüedad. Tampoco nadie le dio mucho crédito.

A principios del siglo XX ya se habían clasificado algunas especies más aparte de *erectus* y *neandertal*: *Homo heidelbergensis*, cuya mandíbula se encontró en Mauer, Alemania en 1907, y *Homo rhodesiensis*, encontrado en Zambia en 1921. En 1924, en otra cantera de Taung, Sudáfrica, se encontraron los restos del conocido como *niño de Taung*, estudiados por Raymon Dart, de la Universidad de Johannesburgo, que se dio cuenta que eran restos diferentes a los de los *homo erectus* de Java y los calificó como

*Australopithecus africanus*, lo que daba más complejidad que la idea de un "eslabón perdido" para comprender el paso de los simios a los hombres modernos. Tampoco tuvo muy buen recibimiento en la comunidad científica, ya que su hipótesis implicaba el surgimiento de la especie humana en África, mientras que ya era comúnmente aceptado que la separación entre simios y hombres había tenido lugar en Asia, hacía muchos millones de años. Las expectativas de los científicos por aquella época se veían satisfechas con los restos del "hombre de Piltdown" (una burda falsificación), por lo que el cráneo de Taung sirvió como pisapapeles antes de convertirse en uno de los fósiles humanos más prestigiados bastantes años después.

A partir de aquí todo se complica y los hallazgos se multiplican. Ante la sospecha de que los "dientes de dragón" que vendían los boticarios chinos fueran en realidad fósiles entre los que podía haber alguno perteneciente al eslabón perdido, un aficionado canadiense llamado David Black se puso a investigar en 1927 en el lugar conocido como la "colina de los Huesos de Dragón" o Zhoukoudian, donde, a pesar del expolio, encontró un molar que le sirvió para declarar en 1934 el descubrimiento del *Sinantropus pekinensis*. Los restos encontrados en excavaciones posteriores se perdieron por culpa del comienzo de la II Guerra Mundial, pero se trataba de restos estrechamente relacionados con los de Java, en los que se podían encontrar indicios del uso del fuego y de canibalismo. Restos similares fueron descubiertos con posterioridad en otras zonas del viejo mundo y África oriental, afianzando la existencia de *erectus* como especie.

En los años cuarenta habían aparecido suficientes especímenes en África como para hacer aceptar la existencia de los *Australopithecus* como antepasados del ser humano. Mary Leakey encontró los restos en 1931 de *A. boisei*, en Olduvai (Tanzania) y Rober Broom los del *A. robustus* en 1940 en Swartkrans (Sudáfrica). Destaca la labor de la familia Leakey: en 1959 Louis Leakey encuentra los restos de un vigoroso *A. Robustus* al que nombra "Dear Boy", y al año siguiente, junto a su esposa Mary, descubren una nueva especie que había vivido a la par que los *Australopithecus,* a la que denominaron *Homo habilis*, considerado como el primer homínido, el grupo de primates de los que solo ha sobrevivido una única especie: el hombre. En Olduvai, Mary Leakey y su hijo Richard hicieron uno de sus descubrimientos más excitantes: el descubrimiento de huellas bípedas conservadas en ceniza volcánica de hacía unos cuatro millones de años, anteriores por tanto a *A. africanus* (de 2-3 millones de años). Laetoli les proporcionó restos de los homínidos que las produjeron, pero en Hadar (Etiopía) se producirá en 1974 el hallazgo más espectacular: Lucy, que trajo una nueva denominación, la de *A. afarensis,* considerado por algunos antecesor tanto del hombre como de *africanus* y *robustus*.

Con tanto hallazgo las clasificaciones se multiplicaban, por lo que había que poner algo de orden. En 1960, F. Clark Howell, de la

Universidad de Chicago, propuso que se redujese el número de géneros a sólo dos (Australopithecus y Homo) y que se racionalizasen muchas de las especies como variaciones de *habilis* o *erectus*. Los hombres de Java y de Pekín se convirtieron en *Homo erectus*. El orden prevaleció durante un tiempo en el mundo de los homínidos, pero en los siguientes años llegaron muchos otros homos y australopitecos: *ergaster, rudolfensis...* por los primeros, y *afarensis, praegens, ramidus, walkeri, anamensis*, etcétera... por los segundos. En la literatura científica podemos encontrar más de 20 tipos de homínidos, diferentes según el autor, y además se ha roto la dicotomía *australopithecus/homo* ya que algunos australopitecinos se colocan en un género nuevo, el de los *Paranthropus*, y hay que tener en cuenta que han aparecidos nuevos grupos más antiguos como *Ardipithecus*. Si hay variaciones en la nomenclatura, el consenso es aún más difícil de alcanzar en cuanto a la conformación del árbol evolutivo que conduce hasta nuestra especie, o también en cuanto al origen y expansión de las especies homínidas. Es fácil comprender a que se debe esta gran variedad de opiniones y controversias, ya que para tantos millones de años de evolución del ser humano se disponen solo de unos miles de restos fraccionados y dispersos, a pesar de que algunas especies estuvieron sobre el planeta probablemente por más de un millón de años, como es el caso del *H. erectus*. En el mundo de la paleontología es muy frecuente la discusión, llevada a veces al extremo de agrio enfrentamiento. Podemos ejemplificar esto en varias polémicas que nos servirán además para repasar los descubrimientos recientes y ver la relativa fiabilidad de lo que antes era considerado indiscutible. Una de ellas se centra en la expansión del género homo, y de paso es de utilidad para percatarnos de la indefensión que pueden tener unas teorías frente a otras, muchas veces por cuestiones ajenas al mundo científico y cercanas al enfrentamiento personal. *H. erectus* sería el primer homínido en salir de África según las evidencias encontradas en África, Asía, la isla de Java y Europa, ya dijimos antes que por métodos geológicos se le había dado una antigüedad de 500.000 años, y esto se mantuvo así hasta que por los métodos del potasio-argón y del argón-argón utilizados en los años 90 se les asignó una antigüedad de más 1,8 millones de años, lo que cambió totalmente el panorama de la Prehistoria humana. En 1982 se encuentran los restos de homínido que podían ser los más antiguos del continente europeo en Orce (Granada), lo que abría la posibilidad de otra vía de salida de África diferente de la comúnmente aceptada hacia Asia. Si la antigüedad era de 1,6 millones de años, como pretendía el equipo de Josep Gibert, los homínidos habrían cruzado probablemente el estrecho de Gibraltar casi a la par que cruzaban el continente asiático para llegar a la isla de Java (Mojokerto tiene una antigüedad de 1,8 millones de años), mucho antes de lo que se pensaba en la época. El hallazgo levantó una gran expectación en los medios, era el descubrimiento del siglo, hasta que una limpieza del fragmento de cráneo descubre una cresta y algunos miembros de la comunidad científica niegan su humanidad. Y los medios igualmente se hicieron eco del posible fiasco. A partir de aquí la credibilidad de Gibert cayó en picado y se le denegaron los permisos de excavación, iniciando una lucha por defender su postura que duró hasta su muerte. La controversia hizo que los importantísimos yacimientos de Orce (Venta Micena, Fuente Nueva, Barranco León...) quedaran en una relativa indiferencia por parte del mundo de la paleoantropología durante mucho tiempo, desligándose del antiguo equipo de Gibert muchos colaboradores ante la imposibilidad de seguir defendiendo el viejo proyecto, y pasando a negar ahora las posturas anteriores, como el paso del estrecho. El hallazgo en 2001 de restos de homínidos con una antigüedad de 1,4 millones de años en Dmanisi (Georgia), venía a confirmar la ruta de entrada a Europa por el Cáucaso. Si no se tenían en cuenta los restos humanos de Orce (donde, a pesar de todo, sí se consideraba que hubiera actividad humana), los restos más antiguos de Europa eran los de Atapuerca, en Burgos, donde se llevaban sucediendo campañas desde los años 80. En 1994 se estableció que los restos encontrados allí en la Gran Dolina tenían unos 900.000 años y pertenecían a una especie nueva *H. Antecessor* (esto por supuesto tampoco es aceptado por todo el mundo científico). El salto temporal que hay desde los restos de Dmanisi a los de Burgos queda vacío, aunque en 2007 en Atapuerca aparece un diente fósil datado de 1,2 millones de años, y en 2008 se da a conocer otro diente hallado en Orce y considerado humano, con una antigüedad de 1,4 millones de años: de momento el "primer europeo". De dónde llegó es ya harina de otro costal y el equipo de Atapuerca, que hoy por hoy es el que cuenta con más difusión (Arsuaga, Carbonell, etc.), se inclina por que los homínidos ibéricos serían descendientes de los de Dmanisi.

Otra polémica reciente la encontraríamos en torno a los neandertales, considerados como una especie diferente que los humanos modernos encontraron ya al llegar a Europa hace unos 45.000 años. Pero octubre de 2014 se secuenció el genoma completo del "hombre de Ust'-Ishim", un humano moderno que murió hace 45 000 años en la actual Siberia, y poseía un 21 % de ADN neandertal. Ya antes se conocía un posible híbrido, el "niño de Lapedo", encontrado en 1998 en Portugal. Se calcula que pudo tener lugar una hibridación entre ambas especies hace unos 50 ó 60 millones de años. Pero en esto tampoco hay consenso ya que hay estudios que revelan la ausencia de genes neandertales en el ADN mitocondrial de los humanos modernos, lo que indica probablemente un fenómeno de «infertilidad híbrida» entre especies separadas. También existe la posibilidad de que los genes neandertales presentes en los Homo sapiens actuales procedan de algún ancestro común a las dos especies y que no se haya producido hibridación posterior.

En los últimos años otras especies han venido a enredar aún más este embrollo de la evolución humana. Parece que un tercer tipo de *Homo* convivió en Eurasia con neandertales y humanos modernos, según los restos hallado en la cueva rusa de Denisova en 2008. Tanto su ADN como el del ser humano actual dan muestras de hibridación, lo que es más constatable aún en los aborígenes australianos. Y más aún: tanto en neandertales, como en denisovanos y modernos existen secuencias de otra especie desconocida que convivió con ellos hace 50.000 años y de la que no se han encontrado restos.

Por otro lado en 2004 se anunció a bombo y platillo el hallazgo del *Homo floresiensis*, cuya denominación viene de la isla de Flores, donde se encontraron sus restos. Fue calificado como una nueva especie extinta del género homo, pero hasta el momento, debido a la falta de evidencias concluyentes, no se ha podido descartar que no sean *Homo sapiens* modernos afectados por algún tipo de patología como microcefalia o hipotiroidismo congénito. Su pequeño tamaño hizo que se les denominara *hobbits*.

Y un último caso lo tenemos en el *Homo naledi* dado a la luz este 2015 a partir de los restos de 15 individuos encontrados en Sudáfrica y que ha tenido de nuevo una gran repercusión en los medios, al ser las excavaciones cofinanciadas por *National Geographic*. Sus descubridores lo sitúan en el origen del género Homo, pero no hay dataciones precisas. Su presentación al mundo, no exenta de cierto sensacionalismo, no ha convencido del todo a algunos miembros de la comunidad científica, ya que se ha teorizado sobre posibles rituales de enterramiento y uso del fuego para llegar al lugar de depósito de los restos, algo poco probable en una especie tan primitiva.

Y en cuanto a la aparición del ser humano moderno, ¿qué hipótesis es la correcta? ¿Es cierto que el verdadero origen está en África y que desde allí se produce su expansión sustituyendo a especies precedentes o es cierta la hipótesis multirregional que proponen algunos científicos? Todo indica que ha de pasar aún mucho tiempo hasta que podamos concluir un árbol evolutivo definitivo y desentrañar los misterios que nos unen a nuestros ancestros más lejanos. Mientras tanto, seguiremos especulando, teorizando, discutiendo y lo que es mejor: fantaseando.

José Julio Martínez Valero

Diciembre de 2015

# PARTE I: EL EVOLUCIONISMO HASTA NUESTROS DÍAS

## 1. INTRODUCCIÓN

¿Cómo nace la vida? Aristóteles afirmaba que las especies existían desde siempre, pero no será hasta mediados del siglo XIX en que esta visión se vea transformada. Es, por tanto un amplísimo espacio de tiempo.

Louis Pasteur hizo desaparecer la "teoría de la generación espontánea" en favor de otra en que afirma que la vida prima sobre la vida. Otras teorías serán las de Hutton, que decía que nosotros y todas las especies han existido siempre: Es la teoría de la eternidad.

Por su parte, el "creacionismo", muy unido al judaísmo-cristianismo, de manos de un Dios creador, intentaba aliviar todos los pesos de la existencia mundana al hombre.

Cuvier (1769-832) es considerado como el padre de la paleontología moderna, basándose en la "Enciclopedia Ilustrada" (catastrofista). Afirma que: Creación de la vida-destrucción-creación… hasta la "sexta vida" en que nosotros/as estamos.

El "Evolucionismo" revoluciona el ambiente intelectual al afirmar que con la evolución de la naturaleza cambian las formas de vida. Del "Museo de Hª natural de París", dirigido por Cuvier, saldrán:

- Lamark (1744-1828), que se plantea por qué surgen los seres vivos; en 1800 expone "Philosophie zoologique": Los seres vivos se suceden unos a otros, tendiendo a crear seres iguales. Pero las causas medioambientales provocan diferenciaciones entre los seres vivientes. En 1809 publica, ampliada, su "Philosophie zoologique", en el que se enuncia que esas fuerzas ambientales son las creadoras de los seres vivos:

1. "En todo ser vivo que no ha alcanzado el límite de su desarrollo, el uso de un órgano lo fortalece, y el desuso lo atrofia"

2. "Un órgano surge por necesidad, fortaleciéndose si se usa y despareciendo si no es utilizado". Lo cierto es que los órganos no surgen por necesidad, como veremos.

3. "El carácter se hereda y se va sumando al resto". Esto, ciertamente, no ocurre así en todo caso.

La teoría lamarckiana se mantiene en el evolucionismo actual.

Tras la caída del poderío francés, son los británicos los que se expanden por América, India, Oceanía... surgiendo la "Revolución Industrial", gracias a la manufactura de materias primas traídas de esas tierras. Como consecuencia de los cambios en los modos de producción, se polariza la población entre una minoría propietaria y una masa trabajadora. Asimismo, surge el "espíritu de competencia". En este ambiente nace, en 1809, Charles Darwin.

Darwin (1809-1882) ha sido una de las personas más influyentes en la humanidad, sobrepasando el puro terreno biológico, hasta terrenos filosóficos, sociales y políticos. Nace en el seno de una familia burguesa británica, de origen agricultor y ganadero, y nunca realizará una carrera universitaria. Su abuelo (Erasmo Darwin), publicaba en 1794 "zoonomia". Es, por tanto, una familia inquieta por estos temas, por la evolución de las especies ganaderas y su experimentación y por la selección artificial (aparición de especies nuevas por cruzamientos entre los diferentes ganados que tenían mayor calidad).

En vida, Darwin ve cómo se independizan enormes territorios descolonizados por los franceses y españoles, entre otros, siguiéndose la extensión por estos países de los ingleses: Esta expansión hará que la metrópoli le envía productos manufacturados: Es la "I Revolución Industrial". La producción se vuelve masiva y estándar; la población se masifica en las ciudades para trabajar en las fábricas, es la "proletarización de las masas obreras".

Entre 1831 y 1836 viaja alrededor del Mundo en el "Beagle", un barco oficial (capitán Fitzroy), durante el cual podrá tomar muestras para el museo británico y espiar tierras y costas para el gobierno.

En 1859 publica "El origen de las especies", que supone un choque estrepitoso de la religión tradicional con la teoría evolucionista... En él afirma que: "Cualquier cambio que se produzca en un ser vivo, será sometido a la presión de medio ambiente, siendo mantenido si es beneficioso y desaparecido si no lo es".

En 1793 apareció, por su parte, el "Ensayo sobre el principio de la población", de Malthus. Afirma que "La población mundial crece en progresión geométrica mientras que los alimentos lo hacen en progresión aritmética", lo cual conducirá a la humanidad al hambre.

Mientras tanto, Darwin afirma que "los seres vivos luchan entre sí por alimentarse y sobrevivir", de modo que "cuando aumenta la comida, aumenta la población". De este modo, la naturaleza selecciona a los más aptos para la consecución de alimentos mediante un desarrollo interior (intelectual, en el caso de los humanos). Es la "supervivencia de los más aptos".

En 1871 publica "El origen del hombre", en el cual afirma que "el hombre y los monos tienen un antepasado común".

Así pues, la "criba" de la evolución natural es el medio ambiente natural, que selecciona las mutaciones genéticas mejor adaptadas a éste. Del mismo modo, no hay dos formas de vida iguales, por condicionamientos paternos, y por condicionamientos maternos.

Teniendo en cuenta que la probabilidad de que yo sea igual que alguno de los padres, abuelos, etc., es prácticamente inexistente, o sea remotísima pero, a su vez, todas las formas de vida son muy semejantes, y teniendo en cuenta que, a mayor complejidad de los seres vivos, mayor será la variabilidad de unos sujetos a otros (mayor complejidad de los condicionamientos genéticos), podemos concluir que las variantes son:

- Variabilidad con respecto a los ancestros
- Mutaciones en el ADN de cada uno de los seres vivos (errores en la duplicación de ADN),


Podemos concluir que la evolución se considera "cambio".

Cuando los grupos de especies (seres vivos) son distantes, la variabilidad es mayor que si son más cercanos en la escala evolutiva. Esto es reproducible también artificialmente mediante "cruces" entre especies. De esta forma, la consanguinidad garantizará una menor variabilidad entre los sujetos un *Nivel de homocigosis alto*, si son especies distantes.

Otro de los factores de variabilidad es la "deriva genética", en base a unos caracteres genéticos más o menos parecidos. El fenómeno de aislamiento de los sujetos provoca estas similitudes. Sin embargo la variabilidad intrínseca de caracteres parentales y las mutaciones genéticas introducirán variantes (pero, eso sí, dentro de una selección característica).

El *medio* afecta también en gran medida a los seres vivos, e introduce en ellos variantes. Condiciona el "nivel de mortalidad", por medio de la temperatura, la humedad, los agentes infecciosos, altitud… De esta forma, la zona más densamente poblada del planeta es la "zona templada" (ambiente más saludable). Las formas raciales humanas son obra de la selección natural, que ha seleccionado a aquellos que son más aptos para el clima y condiciones de la zona.

*Consanguinidad*, *deriva genética* y *medio* limitan la variabilidad y explican las especies, dando los caracteres diferenciadores.

En cuanto a la evolución humana, básicamente la evolución craneal se reduce a: Un ensamblamiento de la parte frontal de la cabeza.

Hace 1´5 millones de años descubren el fuego, y con él, la capacidad de emigrar a grandes distancias. Por deriva genética, se van diferenciando unos hombres de otros. Asimismo, y por otro lado, aparece la intencionalidad en el uso de materias primas (sílex) y formas (industria achelense) que, a diferencia de la industrias de los "chopper", ya hay una pre concepción. No cabe duda de que estas personas ya podían pensar, por ejemplo en qué iban a hacer al día siguiente.

Evolución es cambio permanente: Por ejemplo, las oscilaciones climáticas hacen que ningún punto de la tierra, ni ningún momento en que la situación atmosférica sea repetida, sea igual. Pueden ser muy similares, pero nunca iguales.

Lo que distingue al clima es su variabilidad y su sentido y desarrollo cíclico; con él, cambian las condiciones ambientales y con éste, a su vez, la vida. Los cambios climáticos obedecen a ciclos, que se pueden relacionar con las variaciones con respecto al Sol en el llamado *movimiento de nundación*, o cambio en la posición de los hemisferios.

## 2. *LA EVOLUCIÓN HUMANA A TRAVÉS DE LA ECOLOGÍA HUMANA*

Teniendo en cuenta desde un primer momento que "el proceso creativo de la selección natural es impulsado por las circunstancias" (o sea, y entre ellas, por la gran diversidad ambiental, el cual incide sobre las variaciones hereditarias), podemos afirmar con rotundidad que la historia de los seres humanos es la de la adaptación a los distintos ambientes.

Y si seguimos considerando a los humanos como el centro de este estudio, apreciamos que esta adaptación no es más que el modo en que un grupo humano se adapta al medio que le circunda: Es la "ecología cultural" del grupo. Ahora bien: Ésta no es sino la relación del conjunto con respecto a los recursos naturales, a cual se realiza (en el hombre) a través del conocimiento, comportamientos y utensilios (en conjunto, la "cultura") que son, además, de carácter acumulativo en el ser humano (recordemos el paradigma constructivista de aprendizaje), y que ha permitido a la especie humana extenderse desde las regiones tropicales a las zonas templadas, y de ellas finalmente a las árticas.

El ambiente y sus características dependen en gran medida del "grado de insolación", que determina la biomasa del mismo. Esto está directamente relacionado con la diversidad de especies, de tal forma que, como afirma Campbell, "las regiones tropicales presentan efectivamente la mayor biomasa y los mayores índices de diversidad de todos los biomas terrestres". No es de extrañar, por tanto, que sea la selva tropical la cuna de la humanidad.

"La cultura es el producto de la naturaleza, de la historia y del ambiente humano. Cada uno de ellos limita, pero cada uno de ellos permite y dirige, el crecimiento de la creatividad individual y el florecimiento de la sociedad humana" (Campbell)

Se hace necesario, por tanto, el carácter comparativo de los distintos ambientes para la comprensión de las relaciones hombre-medio a lo largo de la evolución, para el conocimiento de los que significa "ser humano", y sus consecuencias.

### a) La pluviselva tropical

Insectos, huevos y posiblemente alguna materia vegetal blanda parecen ser la dieta principal de los primates. Por tanto, es fácil deducir que éstos estaban adaptados a la vida arborícola (a los que subían para conseguir alimentos) y terrestre (tres cuartos de lo mismo). A partir de estos primates, evolucionaron varias especies más especializadas dietéticamente, apareciendo:

- Colobinos, enteramente herbívoros
- Otros omnívoros, que desarrollaron el gusto por la carne.

Sin duda, llama la atención el hecho del "por qué" de este cambio de dieta (y, por ende, de bioma). Es, simplemente, evolucionismo de caracteres y adaptación de formas.

Estudios realizados sobre comunidades de primates (papiones) demostraron que "el factor restrictivo -de población- es la disponibilidad de árboles o promontorios rocosos en los que dormir" y, de este modo, se controla la disponibilidad del alimento. Se observan también adaptaciones de tipo social, sin duda atribuibles a las necesidades de supervivencia y reproducción, formando parte de la acomodación al ambiente.

Alrededor de la densa selva tropical se extiende la bóveda boscosa de árboles adaptados a una menor pluviosidad, propia de estas zonas: En este medio aparecen los primeros homínidos, los cuales evolucionaron a partir de primates antropoides que emigraron de la pluviselva tropical al bosque asociado a ella. Se conocen fósiles de este tipo que van desde los 17 millones de años hasta hace 8, provenientes de África Oriental, Europa y la India (los simios de este tipo de éstas dos zonas se extinguieron hace unos 8 millones de años, cuando el clima cambió y los bosques se redujeron o desaparecieron).

Campbell afirma que: "La evolución de los homínidos supuso en primer lugar adaptaciones al suelo del bosque", cosa necesaria si queremos explicar el posterior paso de los homínidos a la sabana. Mientras tanto, estos homínidos disfrutarían del alimento tanto de la selva como del bosque, dados los imperativos estacionales. De esta forma, y siguiendo a Campbell, el progresivo endurecimiento evolutivo de las plantas como producto de la desecación en las épocas estivales habrían de producir, a su vez, adaptaciones morfológicas en los individuos que de ellas se alimentaban (fundamentalmente dentales), y, lo que es más importante, desde el punto de vista cultural, aparecen los primeros indicios de útiles para aplastar: Son los primeros utensilios, utilizados para aplastar huesos y, presumiblemente, las cortezas de los frutos silvestres.

*b) La sabana tropical*

"Al adaptarse a la sabana tropical lo seres humanos desarrollaron su postura y modo de andar peculiares, sus hábitos omnívoros eclécticos". Desde el punto de vista adaptativo, esto supondría

- La liberación de las manos de la locomoción, lo que daría lugar a un aumento de la precisión de los miembros superiores

- Aparecería una enorme mejora de la visión, a la hora de escapar de la unidireccionalidad del olfato o a la hora de percibir depredadores, presas, etc., lo cual resulta muy útil desde el punto de vista adaptativo.

Si bien hoy día está plenamente asentada la idea de que estos seres estuvieron confinados a la sabana arbolada hasta una posterior evolución (que les abriría a la sabana abierta de África del Sur y Oriental), no es de extrañar la afirmación de Campbell de que "sólo las armas defensivas o con el fuego los homínidos hubieran podido abandonar con toda clase de seguridad la cercanía de los árboles, en especial de noche", que, a mi entender, es lo mismo que decir que estos elementos son los que nos hicieron realmente seres humanos tal y como los entendemos comúnmente. Es por ello la enorme importancia que tiene el estudio de las relaciones naturaleza-hombre para llegar al conocimiento de éste último: Porque la adaptación del hombre, a medida que se aleja de la riqueza biótica de la selva, se hará cada vez más dependiente de un comportamiento social complejo y del desarrollo de la tecnología.

Raíces y tubérculos, frutos de árboles, pequeños anfibios y mamíferos, así como los animales mayores que se acercaban la orilla del río para beber, parecen ser los bienes energéticos que ofrecían a los primeros australopitécidos los 5000 kilómetros de bosque y sabana (desde las partes más septentrionales de Etiopía hasta el Transvaal en Sudáfrica, siempre según el registro arqueológico) del continente africano.

Probablemente, entre los primeros homínidos y sus predecesores "homo hábilis" la densidad de población era baja (¿alta mortalidad infantil?). En mi opinión, esto habría que ponerlo en relación con los condicionamientos culturales, que no permitirían un gran aumento de bocas que alimentar, siempre regulado por la cantidad de recursos disponibles. Son, básicamente, grupos que forman sistema de explotación del medio ambiente estable y duradero, equilibrado por los alimentos silvestres disponibles, en armonía con los ciclos naturales, y de escasas repercusiones en los sistemas naturales preestablecidos. Ahora bien: Es indudable que el impacto sobre el bioma hubo de producirse en alguna medida, pues eran humanos biológica y culturalmente hablando.

*c) el bosque templado*

Como bien indica Campbell:

"El bioma del bosque templado se distingue claramente de los biomas antes hemos considerados porque se encuentra suficientemente alejado al N (o hacia el S) como para estar sujeto a fluctuaciones estacionales de temperatura. Por lo general, hay dos o tres meses de tiempo muy frío en invierno, aunque el grado y el periodo varían"

La pluviosidad se distribuye de manera regular (pocas sequías), por lo que la biomasa y especies son ricas y diversas. En definitiva se puede decir que la característica más significativa para estos estudios es la "estacionalidad de los recursos", factor éste que determinó las actividades energético-cinegéticas de los representantes del género "Homo".

Al mismo tiempo, los climas de estas regiones templadas obligaron a adoptar sistemas de comportamiento nuevos, tales como el uso generalizado de pieles, fuego, etc. Factores éstos imprescindibles para entender la expansión de las poblaciones de "Homo Erectus", predecesor de "Homo Hábilis", así como cambios de tipo anatómico (y diferenciando en gran medida según los distintos ambientes templados), en el que destacan la casi duplicación de la capacidad craneal media. ¿Indicio de un agravamiento de la hostilidad ambiental con respecto a los individuos humanos, o simplemente evolución humana? Como Campbell nos indica en su libro, la adaptación a este clima totalmente desconocido implicaba inevitablemente un comportamiento más flexible y complejo para la supervivencia de la especie, lo cual alcanzaría la necesidad de adquirir y/o perfeccionar caracteres como el *lenguaje*, la instalación de comportamientos estables (alrededor del revolucionario *control del fuego*, que implicaba la aclimatación a un ambiente hostil entre una de sus más importantes funciones), o la generalización de un *vestido* adecuado convinieron a que, en general, la población aumentase. El mayor control de la circunstancia ambiental fue, en definitiva, "la clave de la expansión de las poblaciones humanas hacia regiones templadas".

En yacimientos como el de Chukutién se aprecia, en un primer momento, que el hábitat ha pasado a constituirse en cuevas y refugios rocosos. Dado que otros animales como el oso o la hiena también suelen habitar en estos refugios, podemos deducir un impacto sobre el sistema natural de las zonas.

Casi todos los restos óseos allí hallados pertenecen a la actividad cinegética (en los últimos años se habla más de actividad carroñera) de "Homo Erectus": Ciervos, carneros, cabras, jabalíes, búfalos y rinocerontes; restos de macacos, bisontes y elefantes, éstos en menor proporción, siendo los ciervos los más ampliamente devorados (70% del total de Chukutién). Su vez, "Homo Erectus" pudo competir por los recursos con los depredadores de la zona como lobos, zorro... a los que, según autores, superaban en capacidad cazadera, o bien de los cuales dependían en gran medida para alimentarse de carne.

Inevitablemente, la hoguera (¿el fuego del hogar?) había sido un elemento disuasorio de éstos depredadores, como el tigre de dientes de sable. Como indica Enrique Coperías: "Pese a sus hipotéticas habilidades, éstos australopitécidos y el resto de los de sub-especies desaparecieron junto con "Homo Hábilis" a comienzos del período glacial, hace aproximadamente 1 millón de años". De todos los homínidos, sólo sobrevivió el cazador estratega, el que dominaba el fuego y el que balbuceó, quizás, las primeras palabras: "Homo Erectus". Como el de Chukutién ("sinántropus pekinensis").

Existen pocas dudas de que los frutos y semillas comestibles, junto a verduras, constituían un importantísimo recurso para los moradores de la "colina del hueso de dragón". Así pues, la recolección de estos frutos, junto al carroñeo y la caza del ciervo fueron los métodos principales de alimentación. Explotaban, pues, tres niveles tróficos, a lo que había que añadir la gran diversidad de la dieta, fruto de la adaptación, sin duda, a las características medioambientales del bosque templado; donde, según Abraham (Ronen, "el hombre empezó a sentirse realmente hombre, alrededor de un hogar") necesitaron una atención constante de sus madres: Elemento fundamental de socialización, plenamente asentado.

No puedo menos que recordar en este apartado el elemento cultural y su reproducción, el cual, invariablemente, afectó en mayor o menor medida la cantidad de recursos disponibles (en un sentido descendente) y al factor numérico de restos humanos (en un sentido ascendente). Campbell apunta que, dado el carácter "ganado" -localizado invariablemente en el interior de un hábitat determinado- de los alimentos aprovechados por los seres humanos, impulsó tanto su expansión fuera de África como la competencia de los grupos de "Erectus". Esto fomentó, sin duda, la búsqueda de la eficacia mayor a la hora de explotar los recursos, en caso de que estas tensiones existieran.

Si fue en los biomas tropicales donde el ser humano adquirió sus caracteres fisiológicos fundamentales, fue en las zonas templadas, rodeados de mayor diversidad de modos de vida, donde adquirió sus características conductuales más elementales (tal vez, las más rudamente arraigadas).

Como hemos visto anteriormente, la fauna y la flora variadas, hacen que el bosque sea el ambiente adecuado para los "Homo Erectus": Bien provisto de frutos y nueces, y con gran variedad de pequeños animales de caza: Aves y roedores, y otros mayores, incluidos en la dieta de los depredadores, conformando así un bioma tremendamente diverso. Su característica estacional condicionó en gran medida la adaptación por parte de los homínidos de nuevas formas de explotación; si duda, su adaptación resultó tremendamente efectiva.

Existe una incertidumbre considerable sobre la época en la que los homínidos primitivos de África ("Homo Hábilis", o bien "Homo Erectus") penetraron por primera vez en Europa y Asia. El hallazgo de Chukutién, y los hallazgos de Atapuerca, son, sin duda, por el momento, los centros más significativos para la investigación de este hecho (aparte de los recientes descubrimientos de Orce, que veremos más detenidamente más adelante). Dado que el ejemplo de Chukutién lo hemos visto ya, me gustaría hablar de las adaptaciones que produjeron en el yacimiento burgalés.

Tras el más que probable aprovechamiento de las corrientes marinas existentes en la zona de encuentro entre el Atlántico y el Mediterráneo para alcanzar el continente europeo, aparecen seres humanos en Europa del Sur, en la tierra de Atapuerca (aparte de los recientes hallazgos de Orce, de cuyo estudio exhaustivo se sacarán conclusiones muy importantes, bajo mi punto de vista). Ésa fue visitada hace aproximadamente 1 millón de años por una forma primitiva de homínido procedente de África; en Atapuerca encontraron un ambiente notablemente diferente al de África, repleto de gramíneas y árboles perennes. Las especies animales eran las típicas del bosque templado.

Este ambiente estaba caracterizado, por tanto, de una gran biodiversidad, siendo la captación de animales de carácter estacional. La explotación del medio la realizaban gracias a un primitivo utillaje olduvayense.

De hace 800000 años conocemos una nueva ocupación (casi con seguridad más numerosa y desestabilizadora, medioambientalmente hablando). Para la construcción de herramientas se sirvieron sistemáticamente de areniscas y cuarcitas, y se sabe que trasladaban grandes bloques de sílex.

Un elemento importante se aprecia en el trabajo de lascas y núcleos, ya que, si bien la industria sigue siendo caracterizable como de "Olduvay", se configuran algunas de las lascas para obtener instrumentos más complejos (muescas y denticulados), y fabricaban muy probablemente instrumentos de madera manufacturados con estas innovaciones, aunque no se han conservado muestras.

Los homínidos de la Gran Dolina fueron con seguridad extraordinarios recolectores (restos de almez), y practicaron el canibalismo; Seis individuos de diferentes edades fueron devorados en el campamento: Dos niños, dos adolescentes y dos adultos ¿Obedecía dicha práctica a la falta de alimento? No parece probable; más bien parece que tuvieron un carácter ritual. En tal caso, asociado, tal vez, a un control de la natalidad; o, quizás, la lucha por el territorio de las crecientes poblaciones de "Homo Antecessor". O simplemente el consumo de carne humana formaba parte habitual en la dieta de estos homínidos. No lo sabemos con seguridad.

El elevado impacto medioambiental que se registró en torno a los 800000 años perdió fuerza, y, aparentemente, la sierra solamente volvió a ser visitada de forma esporádica, o al menos esto es lo que refleja el registro arqueológico: De cualquier forma, no cabe duda de que el impacto medioambiental hubo de ser grande, y tal vez el agotamiento de los recursos tuvo que ver con el abandono de la zona por parte de los homínidos. En tal caso, tendríamos que hablar de superpoblación de homínidos (relacionada con la explotación masiva de recursos de carácter "ganado", o sea, localizado alrededor de o de los centros de ocupación).

*d) Las praderas y el bosque de coníferas septentrionales*

Estos biomas están diferenciados en cuanto a especies animales y vegetales, siendo el bosque más septentrional y frío. Para los seres humanos, ambos constituirían hábitats interrelacionados según las características estacionales. Lo mismo ocurre con algunas especies de carácter migratorio (recursos "no ganados" para los homínidos), siendo así dependientes de los ambientes vecinos, más templados (por ejemplo el alce).

Como consecuencia de su clima más riguroso, la especies son menos diversas, siendo sin embargo significativamente diferentes dependiendo de la zona en cuestión. Por ello, estudiaremos varias poblaciones prehistóricas:

- Torralba y Ambrona: Se encuentran restos de "Erectus" de 400000 años de antigüedad, situados en la meseta central española. Ahí había entonces especies adaptadas a un clima frío y húmedo, como juncias y bosques de coníferas, salpicados de prado alpinos y pantanos (fuente de enfermedades infecciosas).

Al parecer, los asentamientos eran más o menos itinerantes, según la disposición de los asentamientos y yacimientos. En Torralba las pruebas sugieren el aprovechamiento de al menos un elefante, el cual fue descuartizado y llevado a otra zona cercana, en la que parece ser que existía una hoguera.

En Ambrona aparecen de 30 a 35 ejemplares de elefante entre los que hay machos, animales jóvenes, aprovechados por medio de lascas (que son un 80% de la industria lítica asociada) y otros subproductos líticos poco o nada retocados. Aparecen también moldes de madera e instrumentos óseos trabajados y modelados (colmillos), y restos de una lanza endurecida al fuego.

Se infiere que "los animales más pequeños los habrían capturado en el bosque, mientras que, los grandes herbívoros, en las praderas y alrededor de las ciénagas y pequeños lagos que taponaban la extensión de los pinares". Los yacimientos utilizados de forma estacional nos indican unas poblaciones de carácter móvil, por lo que se ha estimado una unidad social pequeña (unos 25 individuos).

- Terra Amata: Situada en el litoral mediterráneo (Niza), se han observado "tres localidades distintas pero contiguas". El hábitat se realizaba con chozas que oscilaban entre los 8 y los 15 m de largo y de 4 a 6 m de ancho, lo que sugiere ocupaciones de no más de 15 personas en cada una de ellas, que estaban constituidas con hogares y fabricación de utensilios, que servían para aprovechar ciervos, elefantes, jabalíes, rinocerontes, toros, así como conejos y roedores. También hay restos de mariscos y algún pez.

En palabras de Campbell, "encontramos en Terra Amata unos indicios excelentes de campamentos estacionales, ocupados regularmente durante la primavera por espacio de una semana más o menos, cuyos habitantes "aprovechaban una amplia gama de recursos alimenticios: Vegetales, marisco, peces y mamíferos", en un yacimiento contemporáneo al de Torralba y Ambrona.

Para concluir, añadiré que, si bien los habitantes de estos campamentos poseían ya medios para sobrevivir en las duras condiciones climáticas, éstos dependían aun de la situación naturalmente preestablecida de especies disponibles, si bien parece que se incidió sobre las mismas, lo que no parece que alterase el bioma preexistente, al menos de una forma irrecuperable, pues estos seres humanos dependían enteramente de la explotación de los recursos descritos, los cuales obtenían yendo a buscarlos al hábitat natural de las especies consumidas.

*e) La tundra*

Líquenes, sauces enanos, juncias y hierbas, sobre un suelo permanentemente helado, conforma el yermo paisaje de más allá del bosque de coníferas. El caribú (América) y el reno (Europa) son los herbívoros mayores, cuyo carácter migratorio determinará en gran medida los modos de vida de los cazadores-recolectores. Junto a ellos, unas pocas especies de mamíferos menores (liebre ártica, zorro, roedores), que constituyen los "recursos ganados" de la tundra junto a especies avícolas autóctonas, visitadas en las estancias veraniegas por las migraciones de otras aves, constituirán los recursos alimenticios. Las especies marinas (caribú...), completan la dieta de este rigurosísimo ambiente, de escasa diversidad biológica.

Los magdalenienses fueron poblaciones humanas que se adaptarán a la tundra en las regiones de España, Suiza, Bélgica y Alemania actuales, en las que predominaba la tundra (subestadio frío de la última glaciación, 19000-10000 a.C.).

Uno de los más importantes yacimientos magdalenienses se concentran en la región de Dordoña (Fr). Ahí se aprecia que los asentamientos se encuentran principalmente en abrigos rocosos y cuevas, mientras que los situados más al Oeste y Norte son principalmente a cielo abierto, muchos de ellos con trazas de cabañas o tiendas. Desde estos campamentos y sus aledaños obtenían los "recursos ganados" del bioma por medio de la caza y, además, sobreviven gracias a "recursos no ganados" (propios del bioma en cuestión), de gran importancia, ya que en tan inhóspito ambiente se hace imprescindible la caza-pesca y conservación, para épocas frías y de escasez.

Esta necesidad de conservación provocó, sin proponerlo, una caza sistemática de a mayor cantidad de recursos disponibles, todo ello sin necesidad de desplazar el campamento base.

Al aprovechar los peces y las aves migratorias y conservarlas, las consecuencias de las carestías en épocas frías y de escasez pueden subsanarse en gran medida, desapareciendo la necesidad de limitar el aumento de población. Como consecuencia de ello, la población aumentó (durante la fase que va del magdaleniense temprano al tardío la población se fragmentó más de tres veces) y, con ella, un aprovechamiento más intensivo de los recursos y una instalación mayor tanto en tamaño como en la forma de poblamiento. En la última fase del magdaleniense (13000-10000 a.C.) los campamentos ocupan zonas estratégicas para la obtención de agua y recursos fluviales, abandonándose muchos otros situados en virtud de los flujos migratorios de los herbívoros cazados. En cualquier caso, éstos se mantendrían para las épocas de caza, produciéndose una división de los magdalenienses en virtud de los recursos.

Como indica Campbell:

"Durante este período de rápido crecimiento poblacional hubo un florecimiento del arte y se utilizaron símbolos de poder social"

El precio del aumento de la población no fue otro sino el aprovechamiento más y más intensivo del medio gracias a la "eficiencia tecnológica" conseguida. Para algunos, el hecho de la desaparición de los grandes animales de Europa tuvo que ver con este aumento cinegético. Lo cierto es que muchos de ellos se retiraron a zona más septentrionales con la retirada de los glaciares, "con lo que forzaron nuevas adaptaciones humanas a su ambiente pos glaciar".

*f) Pastoralismo*

Ecológicamente, agricultura y ganadería se caracterizan por una reducción de la diversidad de especies aprovechadas, a través de un proceso de selección previo. Asimismo, "la separación de su hábitat y de la comunidad de cría y su mantenimiento en condiciones controladas de reproducción", hace posible la selección artificial.

A la domesticación de las especies haría que darle cabida en el espacio ecológico, zona controlada artificialmente. Campbell señala que:

"la propiedad privada de las tierras es la única manera de aumentar la productividad y de salvaguardar la integridad de los pastizales (…) las tierras comunales son prácticas únicamente en condiciones de baja densidad de población"

Esto sería así porque la limitación de los pastizales que supondría el sistema comunal implicaría el desarrollo demográfico de poblaciones en franco aumento. Asimismo, los controles exigidos para una equitativa explotación del medio habrían dado lugar a las estructuras sociales.

g) *Agricultura*

"La agricultura, o "labranza de la tierra" implica el cultivo de una o dos especies de plantas alimenticias, en grandes extensiones, es decir, más de lo que precisa la subsistencia de una única familia (…) hace posible y está acompañada siempre por un intenso urbanismo" (Campbell)

Ahora bien; este enorme rendimiento se consigue sólo a un costo considerable, o sea, energía, para la obtención de alimentos, lo que, a su vez, supone un notable aumento de la producción, agravado esto por los avances tecnológicos. De esta forma, se liberan cantidades ingentes de población del proceso de producción de alimentos, produciéndose la división del trabajo y el desarrollo de la población. Pero no se ha de olvidar que es gracias a la posesión de la tierra productiva, y de otros recursos como el agua, lo que dará, en la historia, el carácter definitivo a la civilización que, de este modo, se entiende, según Campbell, por las características primarias de la economía.

*h) La ciudad*

Los primeros poblados permanentes "aparecen por primera vez en el registro arqueológico durante la época magdaleniense, y están asociadas a los múltiples recursos fluviales de ciertas zonas". Esta situación de terreno fértil provocaría, a su vez, una mayor productividad cerealística silvestre, lo que conduciría al aumento del producto recolectado y excedentes de producción (Creciente Fértil).

El aumento de la producción (asociado también a una explotación cada vez más tecnificada hidráulicamente) condujo al aumento poblacional, y de éste a especialización laboral y el comercio entre los centros de población. Como consecuencia de ello,

"Comida, materias primas y bienes manufacturadas comenzaron a ser trasportados de un lugar a otro, cada vez en mayor cantidad, conforme los asentamientos crecieron en tamaño y número" (Campbell)

De lo cual se deriva el hecho de que la energía utilizada para efectuar los intercambios, así como sus caracteres, son de vital importancia a la hora de comprender la evolución de los sistema económicos humanos, que alcanzarán nuevas cotas de promoción gracias a la acuñación de moneda y, más tarde, al dinero.

La creciente interdependencia se efectúa también en el interior de las comunidades humanas por la creciente especialización de los diferentes sectores económicos, dando lugar a una red "ecológica" de bienes y energía, que pasa de mano en mano, en la que el equilibrio alimento-energía es fundamental para la prosperidad de la comunidad en su conjunto.

La nuclearización de ingente grupos de población en el recinto urbano tiene también consecuencias negativas como, por ejemplo, la mayor proliferación de enfermos crónicos y/o epidémicos. Para su control, se hicieron necesarios sistemas para el transporte y la eliminación de desecho cada vez mayores, producidos por la cadena trófica humana.

La innovación tecnológica acompañante de la producción de los productos (primeramente de los recursos alimenticios, y, tras ésta, las de carácter secundario y terciario), para abastecer las necesidades comerciales fundamentalmente,

"Así, las tres primeras subdivisiones de la tecnología (utensilios, medios y máquinas) se desarrollaron para permitir que los seres humanos aumentasen sus recursos alimentarios y su número"

Haciendo posible una expansión del área de distribución, así como una extracción más eficiente de los recursos. De esta forma, hicieron posible también la adaptación a medios cada vez más hostiles.

## EVOLUCIÓN HUMANA: LA EMIGRACIÓN DE ÁFRICA (LUGAR DE ORIGEN DE LA HUMANIDAD)

Hace entre 1´5 y 2 millones de años, nuestros antepasados descubren cómo fabricar el fuego, y con él, la capacidad de emigrar a grandes distancias más frías, como era el caso de Europa. Por deriva genética, se van diferenciando unos hombres de otros, apareciendo subespecies de homínidos de la misma rama que "Homo Erectus": "Homo Ergaster" y "Homo Anteccessor".

Asimismo, y por otro lado, aparece la intencionalidad en el uso de materias primas (sílex) y formas (industria achelense) que, a diferencia de la industrias de los "chopper", ya hay una pre-concepción. No cabe duda de que estas personas ya podían pensar, por ejemplo, en qué iban a hacer al día siguiente.

La historia de la humanidad europea, al igual que la del resto del Mundo, procede de unos ancestros comunes, provenientes de África. Pero de eso hace, como mínimo, 1.200.000 años, en que se atestigua industria lítica ("fabricación" de piedras, o útiles, también llamados "herramientas"), en los yacimientos arqueológicos de Orce (Granada) y Atapuerca (Burgos), proveniente de actividad humana para obtener alimento. Según algunos científicos, ésta es la principal característica de los seres humanos, lo que nos distingue de los animales: La fabricación de herramientas.

Otros científicos creen que la principal característica humana es el lenguaje.


## LENGUAJE Y PENSAMIENTO (Y "EL HOMBRE DE ORCE")

En el origen del lenguaje tenemos que distinguir dos aspectos:

- Aspectos internos de las personas: El cerebro, el conducto vocal, el oído, la vista, la percepción a través de los sentidos, la atención, la memoria y la imitación.

- Aspectos externos de las personas: La afectividad ó motivación emocional, la capacidad de aprender de los adultos, y la socialización (o relaciones con otras personas).

Ahora, vamos a estudiar con más detalle la teorías que existen para explicar cómo se adquiere el lenguaje, de forma que nos encontramos con investigadores y/o científicos que creen, en primer lugar, que es sobre todo una cuestión de poner un nombre a las cosas, y adquirir el hábito de recordarlos; otros científicos que piensan que el lenguaje es algo que todos/as llevamos dentro desde el momento en que nacemos, y sólo nos falta desarrollarlo hasta adaptarlo a nuestra cultura idiomática (idioma).

Para otros como Piaget, para hablar hacen falta primero unos requisitos en forma de símbolos, que son los que designan las cosas por medio de palabras ("mesa" es esa cosa de madera que sirve para apoyar cosas).

Mientras que otros, como Vigotsky, creían que el lenguaje servía y se desarrollaba para relacionarnos mejor con otras personas, ya que creía firmemente que los seres humanos son, ante todo, seres sociales.

Otros científicos apreciaron que el "factor emocional" es el más importante en la adquisición del lenguaje, ya que resulta crucial en los primeros años de vida de los seres humanos, como, por ejemplo, para simbolizar los objetos mediante el pensamiento, y asociarlos a una función afectiva de nuestra vida.

También hay quien cree que el juego entre padres e hijos es el principal desencadenante del desarrollo del lenguaje de las personas.

De esta forma, podemos concluir diciendo que, contando con que los elementos internos de las personas, combinados con las cosas que nos rodean ("elementos ambientales"), así como el sentido y significado que damos a esas cosas en nuestra vida determinan la aparición del lenguaje.

El momento exacto de la aparición del lenguaje hablado habría de ser aquel en el que los órganos internos del ser humano se hubiesen desarrollado lo suficiente, a la vez que la vida social y el trabajo harían necesaria la necesidad de comunicarse verbalmente. Hasta entonces, los seres humanos se habrían comunicado mediante gruñidos y gestos (y esto, puede que hasta un momento relativamente reciente en la historia de la humanidad). Nadie lo sabe con exactitud, porque el primer testimonio que tenemos de comunicación es el arte rupestre (pintado en las cuevas) es muy posterior en el tiempo que se supone para el "hombre de Orce" (1 millón 600 mil años aproximadamente, mientras que las pinturas estudiadas más antiguas no tienen más de 40 mil años).

## LAS HERRAMIENTAS Y EL TRABAJO EN LA ÉPOCA DEL "HOMBRE DE ORCE"

La mano del hombre es una de las herramientas más complejas que existen: Contiene multitud de huesos, tendones y músculos. Pero, por sí sola, no hubiese sido capaz de hacernos progresar hasta donde estamos hoy: Hacen falta las herramientas.

Lo que en la actualidad son complejas máquinas y mecanismos, en el Paleolítico Inferior (época del "hombre de Orce") eran simples piedras de río, golpeadas unas con otras hasta conseguir filos cortantes al romperlas. Con ellas se cortaba la carne de los animales y se aplastaban las cáscaras de los frutos silvestres.

El "hombre de Orce" no cazaba los animales (al menos los más grandes), sino que comía (aparte de frutos silvestres de árboles y arbustos) animales que previamente habían cazado y matado otros depredadores (sobre todo el "tigre de dientes de sable"). El ser humano aprovechaba las sobras que dejaban.

De entre todos los animales, sólo el ser humano es capaz de inventar y utilizar herramientas de forma continuada y sistemática, de forma que los científicos afirman que hay hombres tan antiguos como el "hombre de Orce" porque encuentran herramientas de piedra hechas por la mano del hombre: Piedras talladas, con signos de utilización (eso se ve con el telescopio).

También se cree que pudieron utilizar huesos grandes de animales como huesos largos, dientes y cuernos, para cortar la carne, que era su principal utilidad. También utilizaron, probablemente, ramas y trozos de madera.

Tan importantes son las herramientas para el ser humano que al primer hombre propiamente dicho conocido (de entre 2 y 2 millones y medio de años) se le conoce con el nombre de "Homo Hábilis", por su habilidad de fabricar herramientas (El "hombre de Orce" parece que es un "Homo Erectus", especie de hace unos 2 millones de años). Ambos vivían al principio sólo en África, y podemos decir que eran "familia", ya que el "Homo Erectus" proviene del "Homo Hábilis", por medio de la "selección natural" y las "mutaciones".

Parece que solo "Homo Erectus" se aventuró a salir de África, como así atestiguan los restos del "hombre de Orce", el hombre más antiguo de Europa, de entre hace 1´2 y 1´6 millones de años.

La falta de restos humanos del primer europeo hace suponer que "Homo Erectus" cruzó el Estrecho de Gibraltar valiéndose de su capacidad de fabricar, uniendo, probablemente, troncos, y atándolos con tallos de arbustos, posiblemente.

No hay que olvidar que desde la costa Norte de África se ve la silueta del otro extremo del Estrecho (Gibraltar), y todo hace suponer que, remando, recorrieron los 8 kilómetros que separan ambas costas actualmente (en la época del "hombre de Orce" estaban aun más cerca).

Otras características del "Homo Erectus" (el "hombre de Orce" era muy posiblemente  uno de ellos) era que eran nómadas (iban de un lado a otro buscando alimento), y que se organizaban en "bandas". Mientras las mujeres se dedicaban a recolectar frutos silvestres, los hombres se dedicarían a seguir el rastro de los animales carnívoros, para aprovechar la carne sobrante de sus cazas.

En cualquier caso, los grupos serían reducidos (unos pocos individuos) que, por lo general, morían a la edad de 35 años, más o menos, en que se sitúa la esperanza de vida media de la época.

## *LOS YACIMIENTOS DE ORCE Y ATAPUERCA: EL PRIMER EUROPEO FUE ESPAÑOL*

Los científicos, historiadores de la humanidad, señalan que la humanidad tal y como la entendemos hoy en día (el género "homo") nació en África, hace entre 2 y 2´5 millones de años.

La colonización de Europa por los homínidos africanos, que son nuestros antepasados, es motivo de debates entre los científicos debido, sobre todo, a la relativa novedad que suponen los restos humanos de Orce (Granada) y Atapuerca (Burgos), así como su relativa escasez, signo de que son más antiguos de lo que se pensaba.

El resto humano más famoso del "hombre de Orce", el fragmento craneal de un individuo joven, está fechado en unos 1´65 millones de años, siendo ésta la datación más antigua hasta la fecha sobre actividad humana en el continente europeo.

Mientras no se encuentre nada nuevo en otro lugar o se demuestre lo contrario, el fragmento craneal (y otros restos menores) descubierto por

Josep Gibert en el yacimiento de Venta Micena (Orce), y otros fósiles recientemente hallados en Cueva Victoria (Murcia) son las pruebas fehacientes de que hace 1´6 millones de años había gente viviendo en Europa, proveniente de la "cuna de la humanidad": África.

Hasta hace muy pocos años, el fragmento craneal fue motivo de muchas críticas por parte de los prehistoriadores, que afirmaban que se trataba de un caballo. De esta forma, el "hombre de Orce" pasó a ser el "burro de Orce". Sin embargo, varios estudios muy recientes demuestran la naturaleza humana del hueso.

Casi todos los huesos amontonados que hemos visto en el museo muestran marcas de haber sido masticados por algún animal carroñero o depredador, pensándose que fueron las hienas gigantes, con las que los homínidos compartirían el nicho ecológico y la alimentación cárnica, aprovechando, ambas especies, los restos que dejaban los grandes depredadores (tigre de dientes de sable).

De esta forma, y dado que los huesos españoles son más antiguos que los de Europa Oriental, todo hace pensar que los homínidos no vinieron caminando desde el Extremo Oriental provenientes de África (como se pensaba hace unas décadas), sino que se cree que los homínidos africanos pudieron llegar de África hace unos 2 millones de años atravesando el Estrecho de Gibraltar, quizás en balsas, o agarrados a troncos flotantes, en un momento en el que el nivel del mar era bajo, lo que dio lugar a que apareciesen islotes entre ambas costas, que hoy están sumergidos.

Una vez atravesado el estrecho y llegado a Europa hace unos 2 millones de años, los homínidos africanos se expandieron de Sur a Norte hasta llegar, entre otros posibles lugares, a lo que hoy es el yacimiento de Atapuerca, en Burgos.

Allí, han aparecido un diente, junto a otras dos piezas dentales más, datados en unos 800000 años, aunque los últimos descubrimientos desvelan que pudo haber actividad humana hace aproximadamente 1´2 millones de años. Y eso, al menos.

Debido a la mayor cantidad de restos, todo hace pensar que el gran yacimiento de Atapuerca plantea el problema de si seguir clasificando a estos homínidos como "Homo Erectus" (como parece ser que es el "hombre de Orce"), o de otra manera, de forma que se ha llegado a llamar a este primer homínido netamente europeo de Burgos (por deriva genética se fue diferenciando de las especies "Erectus" de África) con el nombre de "homo Ergaster", antecesores lejanos de los futuros hombres de "Neanderthal".

Las herramientas que utilizaban estos "homo Ergaster" y "homo Anteccessor" de Burgos son parecidos a los de sus antepasados africanos, lo que hace pensar que, efectivamente, son sus descendientes europeos.

Las herramientas están hechas de una manera vasta y arcaica, parecida también a la de los primeros homínidos de Asia: Son las piezas de bordes cortantes (para cortar carne y machacar huesos) y lascas (cuchillitos de piedra hechos para cortar carne).

## LOS MODOS DE VIDA DE LOS PRIMEROS HOMBRES PROPIAMENTE DICHOS

Los primeros representantes del género "Homo" se asentaban en cauces de agua permanentes (cuencas de lagos o ríos, como ocurre también en Orce), en donde la proximidad el agua les proporcionarían recursos suficientes para subsistir: Vegetación más abundante, y de la que se podrían abastecer de frutos silvestres. También de carne, ya que los animales también acudirían a zonas húmedas para beber agua.

La llegada de los primeros homínidos a Europa puede considerarse también como un fenómeno derivado de la búsqueda de nuevos recursos alimenticios, aunque hay científicos que, al preguntarse los motivos que pudieron llevar a los homínidos a cruzar el Estrecho, éstos fuesen, simplemente, exploratorios, y/o con la intención de encontrar nuevos nichos ecológicos en los que asentarse. Lo que, en realidad, es lo mismo.

Gracias al estudio microscópico del desgate de los dientes, se sabe que se alimentaban principalmente de vegetales, complementado con cierta cantidad de carne. Pero ésta no dejaba de ser un complemento, conseguido principalmente a través de la actividad carroñera, y la caza de pequeños animales.

La lista de alimentos vegetales consumidos por los homínidos comprendería tubérculos, raíces, bayas, frutos diversos, hojas… complementándose con otros productos de origen animal como huevos, miel, tuétano (huesos), insectos, además de pequeños animales o crías de especies mayores. Por supuesto, también la carne proveniente del carroñeo, que hemos estudiado antes.

Uno de los momentos fundamentales de este proceso es la reconstrucción de los campamentos u hogares, o lugares de reunión de los distintos miembros de los grupos de homínidos (cada uno comprendía no más de 30 miembros), en los que se concentrarían para compartir la comida, así como para entablar nuevas relaciones sociales.

Suelen ser círculos de piedras y huesos al aire libre. Como "Homo Erectus" ya dominaba el fuego, es fácil imaginar cómo eran estos lugares, situados al aire libre o en abrigos rocosos (cuevas). Se ha pensado que podrían construir incluso chozas, con ramas.

En definitiva, el "Homo Erectus", un ser de unos 2 millones de años de antigüedad, inició la colonización de todos los continentes (a excepción de América y Oceanía), siendo Orce el primer asentamiento europeo conocido.

# PARTE II: EVOLUCIÓN HUMANA Y SER INDIVIDUAL

## 1. INTRODUCCIÓN

"Lo que ante todo distingue al hombre de los otros primates es su cerebro. Pues si la mano, el ojo, el oído, la lengua juegan un papel tan importante en el hombre, no es porque estos órganos sean esencialmente diferentes que los de los demás mamíferos, sino por la extensión y la complejidad de sus representaciones en el cerebro, más exactamente, en la corteza cerebral.

El cerebro humano se distingue de los otros primates no solamente por su volumen, sino, sobre todo, por su complejidad, pues solo la corteza del cerebro contiene no menos de catorce mil millones de neuronas (von Economo). No se puede dudar que la inteligencia sea la traducción al plano funcional de la complejidad de su corteza cerebral. Así, la anatomía y la psicología concuerdan en atribuir a la inteligencia un lugar privilegiado y es tenida como el más seguro criterio que permita caracterizar al aspecto humano: Pues tanto en el dominio emocional y afectivo como en el plano de las percepciones sensoriales, de las relaciones motrices, de la orientación, de la adquisición de hábitos, de forma que supone que (la brecha entre) lo humano de lo no humano es mucho menos profundo.

Así, el hombre, bien lejos de representar, como lo proclaman gustosamente los filósofos, un ser sin medida común en el resto de la naturaleza, expresa en el más alto grado la tendencia de lo vivo que se puede traducir por una elevación del espíritu, y cuyo carácter universal aparece claramente al zoólogo, pues se ven sus manifestaciones tanto en los moluscos y los artrópodos como en los vertebrados.

El acrecentamiento del cerebro y la expansión de las facultades mentales constituyen un hecho indudable de esa evolución, que se puede calificar de progresiva; es decir, de la evolución considerada en sus éxitos y no el sus fracasos o en sus tentativas abstractas, lo que permite a un tipo de animal alcanzar otro plano estructural.

De este modo, el verdadero problema que plantea el destino del mundo no es la aparición del hombre, pues éste se limita a cumplir un destino preparado desde fecha distante por la inmensa sucesión de los vivos. El gran enigma es la constante deriva de todos los tipos orgánicos hacia estados psíquicos cada vez más elevados.

Pero conviene aportar algunas precisiones a estas nociones generales. La conducta de los animales observados en su medio, puede ser calificada de inteligente, en el sentido que la inteligencia corresponde en un sentido que la inteligencia corresponde a un comportamiento adaptado a las diversas situaciones que se presentan al individuo en el caso de su vida diaria o estacional. Podemos denominarla "inteligencia específica", porque es común a todos los representantes de la especie, el comportamiento de los cuales difiere poco de unos a otros. Los detalles pueden variar, pues el esquema general permanece constante. Se trata aquí de costumbres transmitidas por la herencia y adoptadas sin dificultad por el animal joven sin aprendizaje previo. Siendo hereditarias, las conductas de los animales gozan de gran estabilidad y no se modifican sino con extrema lentitud, tal como las estructuras y las funciones orgánicas. La inteligencia específica está muy próxima a las reacciones propiamente orgánicas.

La inteligencia del hombre actúa en un plano por completo diferente. Pierde sus características orgánicas y específicas para convertirse en una "inteligencia individual". En el nivel humano es el individuo quien inventa, y no la especie. En el hombre, el comportamiento no es instintivo; se ha convertido en un asunto personal. En consecuencia, el individuo no se confunde con no importan qué otro representante de la especie; se ha convertido en "persona", con valor propio e irremplazable.

En verdad, la inteligencia individual no es exclusiva del hombre. Aparece en los mamíferos, por lo menos entre los mejor dotados: Carnívoros, proboscidios y primates. Sin embargo, la inteligencia artificial no alcanza jamás, entre los animales, el elevado nivel que llega a alcanzar el hombre, ni presenta su amplitud ni su ferocidad. Pero, sobre todo, a la inteligencia individual del animal le falta el punto de apoyo esencial: el factor social que da a la inteligencia humana una potencia única. Volveremos sobre ello más tarde.

El desarrollo de la inteligencia individual y el correlativo debilitamiento de la inteligencia específica aparecen unidos a la diferenciación del "neopallium". Aunque el neopallium haya sido observado en algunos pájaros, es en los mamíferos donde alcanza su pleno desarrollo. El neopallium es un centro de asociación extremadamente complejo. Gracias él, el animal es capaz de adaptaciones individuales y ya no se encuentra sometido al imperio dictatorial de los impulsos instintivos: su conducta se coordina en función de sus experiencias anteriores, conservado por su memoria. El animal adquiere su representación de su acción, del objetivo que persigue y los medios necesarios para alcanzarlo; posee, desde entonces, una visión, por lo menos limitada, del futuro. En una palabra, el neopallium permite a los vertebrados superiores sustraerse del dominio del automatismo y del instinto, y sustituirlos por reacciones diversas adaptadas a los acontecimientos exteriores. Esta es la verdadera razón de la "complificación" del cerebro.

Los primeros homínidos no son conocidos, y ello en casos excepcionales, por sus restos óseos, y ello o sabemos por su industria. La justa razón ha afirmado que el mejor criterio de lo humano es el útil. Las características de esta industria es lo que permite reconstruir la historia de los primeros hombres, lo que se denomina la "prehistoria", aunque resulta difícil relacionar exactamente las etapas culturales y los estudios morfológicos de la evolución humana.

Los hombres fueron, en primer término, fabricantes de útiles e instrumentos. Desde su origen, el hombre fue un "Homo faber" (Bergson). En cualquier caso, la fabricación de útiles es un procedimiento acelerado que sustituye el lento método de formación de órganos.

Reconozcamos, por otra parte, que se trata de un tipo de inteligencia bastante primitiva, que procede por tanteos, a través de ensayos y errores, no tanto a la manera de la inteligencia orgánica, aunque aquélla se ejerce en un plano individual.

Los grandes monos, y en particular los chimpancés, utilizan a veces útiles o ciertos objetos que hacen el papel de instrumentos. Pero este empleo es siempre limitado. Las razones que explican la diferencia de comportamiento entre el animal y el hombre son triples:

1) La incapacidad del mono para fabricar útiles reside, en primer lugar, en la aparición de la mano: (pero ésta) no sabe manipular los objetos; no sabe servirse de sus dedos. El origen de la torpeza en los movimientos de la mano no reside en la mano misma, que está conformada sobre el origen conocido que le da el hombre, sino a la mucha imperfección de los centros motores y prácticos que dirigen esos movimientos.

2) Mas decisiva es la segunda razón: La imposibilidad que manifiesta el mono para construir un instrumento o incluso para servirse de un útil, reside en su incapacidad para representarse una serie algo larga de acontecimientos sucesivos. En cuanto al número de técnicas se amplía, la correspondencia se hace confusa, a la manera que es para nosotros una madeja enredada. La razón estriba en que el mono procede con muy poca imaginación, una representación del futuro que es siempre extremadamente limitada; en una palabra: Su inteligencia individual es muy limitada.

3) En fin, si la industria humana ha podido desarrollarse progresivamente a todo lo largo de la prehistoria y de la historia, se

hace necesario buscar la razón social en el hombre. Las invenciones individuales han sido incorporadas a las técnicas del grupo social y transmitidas por la tradición. Nada de ello se da en los animales, la transmisión de los términos humanos implica no solamente una vida social, sino igualmente un lenguaje, pues la simple limitación no hubiera sido suficiente.

Parece ser que al pintura de perfil, el grabado y el modelado practicados con ocasión de ceremonias mágicas, corresponde a técnicas transmitidas de generación en generación y adquiridas mediante el aprendizaje."

> (A. Vandel, "El fenómeno humano", en "Los procesos de hominización", Colección 70, Grijalbo, 1969)

Para el famoso biólogo Richard Dawkins, la vida social no tiene tanta importancia como se creía en la historia de la evolución en general, y la humana en particular, ya que cree que los que basan la evolución humana en la vida social obvian que lo que ésta busca no es el bien de las especies en su conjunto, sino el bien del individuo. En su conocido "el gen egoísta" (Salvat, 2002) rompe con algunos estereotipos inamovibles hasta entonces, al menos desde el punto de vista antropológico, evolutivo y de la prehistoria humanas.

¿Cómo beneficia la naturaleza a los individuos? Como hemos visto en la introducción de Vandel, el resto de especies animales están equipadas genéticamente por un conjunto de habilidades que las ha hecho fructificar a lo largo de la historia de la vida y en la evolución de las especies. Esto lleva a Dawkins a pensar en términos exclusivamente biologicistas y evolutivos, obviando los valores morales que caracterizan la vida social de los humanos:

"No estoy difundiendo una mentalidad basada en la evolución. Estoy diciendo cómo han evolucionado las cosas. No estoy planteando cómo nosotros, los seres humanos, debiéramos comportarnos. Subrayo este punto pues sé que estoy en peligro de ser malinterpretado por aquellas personas, demasiado numerosas, que no puede distinguir una declaración que denote convencimiento de una defensa de lo que debiera ser."

En parte por todo ello, he creído importante dividir este libro en dos grandes partes teóricas: La primera, más vinculada a la biología evolutiva y la antropología física y del cerebro, y una segunda más basada en la prehistoria y la historia humana, una de las ciencias más sociales que existen. De este modo, para Dawkins la vida social está en realidad basada en la evolución, y encuentra en ella su razón de ser.

Pero vayamos por partes: ¿En qué se basa Dawkins? En algo que ya Darwin advertía, y que sus discípulos, así como la evidencia científica, no han hecho más que acrecentar: La importancia de la genética en la evolución humana. Por otra parte, no desdeña la importancia del peso del medio y el carácter adaptativo de las mutaciones genéticas: "La evolución pasa por la selección natural y la evolución significa supremacía diferencial de los "más aptos". Por ello, por mi parte, considero que el altruismo ha sido y es esencial para la supervivencia de la especie y (lo que es más importante para Dawkins) de cada uno de nosotros/as. De este u otros modos, la incidencia del medio tiene más que ver con el clima, la disposición de recursos, etc. que la vida social en sí, al menos en términos evolutivos y biológicamente hablando. En cualquier caso, para Dawkins

"A pesar de que la teoría de la selección de grupo encuentra muy poco apoyo en las filas de aquellos biólogos profesionales que comprenden la evolución, ejerce una atracción intuitiva."

Por mi parte, en este libro intentaré explicar, en la medida de mis posibilidades, la importancia de la vida social para el ser humano, pero siempre con los motivos que nos ofrece la ciencia en general. Y es que, si intentamos explicar el conjunto de conductas humanas en términos meramente egoístas, nos daremos cuenta de hasta qué punto estarían equivocadas las teorías neo-darwinianas sobre evolución, no ya solo humana, sino del conjunto de los primates superiores, como han demostrado otros como Sapolsky, y que después veremos. Pero siempre en términos basados en la biología evolucionista, ya que

"A menudo el altruismo dentro de un grupo va acompañado de egoísmo entre los grupos. Esto es lo bueno del individualismo. A otro nivel, la nación es el beneficiario principal de nuestro sacrificio altruista, y se basa en el hecho de que los jóvenes mueren como individuos para mayor gloria del país considerado en su conjunto. Más aún, son estimulados a matar a otros individuos de los cuales nada se sabe, excepto que pertenecen a una nación distinta" (Dawkins)

Pero, ¿hasta qué punto es admisible un alto nivel de altruismo? Depende del punto de vista que adoptemos cada uno de nosotros al analizarlo: Si somos un acaudalado liberal, es lógico pensar en unos términos más reservados respecto a ello. Si, por el contrario, soy un decidido ecologista, mi altruismo se extenderá no solo a actuar en beneficio de la propia especie, sino del conjunto de especies, así como a preocuparme por la explotación de los recursos naturales, los bosques, el equilibrio medioambiental y los paisajes paradisíacos.

## 2. LA GENÉTICA EN LA EVOLUCIÓN HUMANA

Se calcula que el cuerpo humano tiene mil millones de millones de células. Pues bien: Dentro de cada una de ellas hay una serie completa de nuestro ADN. Este ADN tiene dos funciones fundamentales: Reproducirse a sí mismo y, por otra parte, fabricar proteínas.

"Las proteínas no solo constituyen una gran parte de la textura física del cuerpo, sino que también ejerce un control sensitivo sobre todos los procesos químicos dentro de la célula, solucionando cuándo debe efectuarse y cuándo no en los tiempos precisos y en los lugares adecuados" (Dawkins, en "el gen egoísta", Salvat, 2002)

De ello se deriva la consecuencia generalizada, por una parte, de que somos "máquinas de supervivencia", ya que estamos condicionados mediante el ADN. Pero, y aquí está lo importante desde el punto de vista evolutivo, "la selección natural favorece los replicadores – las moléculas de ADN – que se afanan en construir las máquinas de supervivencia, aquellos que son hábiles en controlar el desarrollo embrionario". Así, mediante este sistema de selección, la naturaleza se asegura de reproducir sólo las copias más longevas y fecundas. Y, en cuanto a la mayoría de los seres vivos del planeta, que son seres asexuados, hay que decir que la "reproducción sexual" tiene un claro papel reproductivo y multiplicador, de forma que, de no ser por los condicionamientos ambientales a los que está sometido todo ser vivo, todo hace pensar que el número de especies, así como de individuos, sería infinitamente mayor, y también insostenible para el planeta. Pero volvamos a la genética. En la reproducción sexual, la naturaleza experimenta constantemente, ya que

"la combinación de genes de cualquier individuo puede ser de corta vida pero los genes son, potencialmente, de larga vida. Sus caminos se cruzan y vuelven a cruzar constantemente a través de las generaciones" (Dawkins)

¿Qué quiere decir esto? Pues que el conjunto de los seres vivos, el ser humano individuo, la conjunción de dos seres de sexo opuesto mediante la fecundación sexual y la reproducción genética da lugar a cambios (o mejor dicho, nuevas conjunciones) genéticas, que da lugar a lo que en el argot reproductivo se conoce como "mutaciones". Ello se puede ver claramente si nos fijamos sólo en un rasgo de los que nos diferencian, y que es fruto de las nuevas y continuas conjunciones genéticas: Por ejemplo el iris o color de los ojos.

"El gen que determina ojos de color castaño es dominante en relación al gen que determina ojos azules. Una persona tiene ojos azules solamente si contiene copias de la página pertinente y coincide mínimamente con el hecho de contener el gen de los ojos azules."

Los genes pueden ser, además, rivales los unos de los otros (de hecho, algunas tesis sobre el origen de la vida se basan en ello), lo cual quiere decir que a la predisposición condicionada por las características genéticas de los padres hay que unir este pequeña lucha por la competencia entre genes y, más concretamente, entre "alelos", lo cual condiciona la secuencia genética del ADN y, por tanto, las características del embrión. En cualquier caso, la unión entre el óvulo y el espermatozoide, en los mamíferos en general, tiene como resultado un nuevo ser único e irrepetible en la cadena natural de la selección de las especies, ya que cada óvulo y cada espermatozoide contiene características únicas, derivadas de los cambios y mutaciones (así como reproducciones) de unos determinados genes. Del mismo modo, este embrión resultante, cuando llegue a la edad reproductiva, será capaz de generar nuevas y diferentes mutaciones, a través del mismo mecanismo que he relatado anteriormente. En definitiva, estas mutaciones genéticas están supeditadas a las siguientes características fijas en la naturaleza:

"- La mutación fija, que es un error que una y otra vez se repite genéticamente, y

- La inversión, que consiste, literalmente, en que "un cromosoma de la cadena química se desprende en ambos extremos, gira hasta quedar en posición invertida y se vuelve a insertar en la misma posición"

Ello es más complicado de lo que parece, ya que, aunque no lo parezca, la selección natural favorece el "mimetismo" genético. De ello se desprenden las semejanzas fisiológicas entre individuos de una misma especie. Ello garantiza la relativa estabilidad de las especies a lo largo del tiempo.

En la página 55 de su libro, Dawkins se hace la siguiente pregunta:

"¿Por qué el resto de nosotros nos esforzamos tanto para mezclar nuestros genes a los de otra persona antes de hacer un bebé? Parece ser una extraña forma de proceder. ¿Por qué, en primer lugar, tuvo que surgir el sexo, esta extravagante perversión de una reproducción directa? ¿Qué es lo positivo del sexo?" A lo que responde: "Ésta es una pregunta extremadamente difícil para ser respondida por un evolucionista". Tiempo de hablar de la *selección sexual*.

## 3. *LA SELECCIÓN SEXUAL*

Al menos en principio, podemos afirmar que si hay algo que nos diferencia del resto de animales es el cerebro humano. Mediante éste, hemos llegado a niveles de conciencia muy altos y a análisis de la naturaleza que nos permiten el hecho de poder hablar con propiedad de muchas cosas, como por ejemplo del origen de la vida sobre la tierra, o de los orígenes de nuestra especie. Esto nos hace, no obstante, olvidarnos con frecuencia de nuestro origen animal. Con unas características muy particulares, pero un animal más en la cadena de la vida y del mundo de las especies animales.

Al hablar de sexo, lo primero que se me viene a la mente es la unión de un hombre y una mujer. Pero esta unión adquiere diversos matices si filosofamos un poco al respecto: "¿Por qué tú y no otro/a?". Esa es la gran pregunta del sexo. En términos evolutivos, si hablamos de animales, llamémosles, inferiores, la respuesta es clara: La perpetuación de la especie, así como el reloj biológico reproductivo. Sin embargo, en el caso de seres humanos, hemos de hacer un énfasis especial en el carácter afectivo de esta unión. En parte por ello es llamado o considerado el animal superior. En efecto, puede que el carácter afectivo sea característico de las uniones humanas, pero, no obstante, nos queda la duda del para qué de la atracción física entre humanos (hecho, por otra parte, indiscutible), nosotros, que contamos con un abundante y frondoso neocórtex. Y la respuesta la vuelvo a encontrar en el mundo afectivo y, más concretamente, en el aspecto emocional. ¿Y esto por qué? Porque hay ciertas imágenes, sonidos, sabores, tactos, etc. que nos gustan o nos disgustan más que otros, y ello responde a impulsos cerebrales, alojados éstos en el llamado "cerebro emocional". Habría mucho que decir sobre ello, pero, como hablo en este libro de evolución humana, no ha lugar. De cualquier manera me resulta inevitable mencionar la importancia del impacto de las nuevas tecnologías sobre la selección sexual: Los cánones de belleza impuestos, así como otros imposibles, hacen de esta tarea una tarea difícil en el mundo actual (y esto, al menos desde los griegos). Además, las nuevas capacidades y aptitudes, aceptadas artificialmente en una vida de apariencia en la que todos somos ricos, guapos y con éxito, han tenido y tienen fatales consecuencias para el conjunto de la especie humana. Ello es debido, fundamentalmente, y a mi parecer, al mal uso de las nuevas tecnologías en general, y a la acción de los medios de comunicación de masas en particular.

Volviendo al tema central, entre los animales inferiores y los superiores hay unos seres intermedios, estudiados ampliamente en los últimos tiempos, y que puede que nos den la respuesta más adecuada a nuestras preguntas sobre el tema de la selección sexual: Son los primates superiores, emparentados como están con los humanos.

Comencemos por analizar algunos de los síntomas más relevantes de la alteración emocional: El aumento de glucocorticoides en sangre. Sapolsky lo liga estrechamente a las situaciones estresantes en general. Bueno, lo cierto que unir tan estrechamente amor y estrés puede parecer poco acertado, pero es verdad que el estrés provoca cambios hormonales que pueden llegar a alterar nuestra visión de la realidad, y ¿qué otra cosa es sino el amor? Sigamos, pues, por este camino.

Si aceptamos la existencia del estrés en nuestra vida como algo cotidiano, además de la producción en situación de riesgo por, por ejemplo, la indefensión, hemos de aceptar que, a diferencia de otros animales, el ser humano suele estresarse exclusivamente por causas sociales. Esto (las relaciones amorosas y de carácter social), que pueden parecernos tan sola y exclusivamente humanas, las compartimos con, por ejemplo, los babuinos del Serengueti. Y es que:

"Un enorme porcentaje de las desgracias de los babuinos se relacionan con el rango social. Por muy ideal que sea un ecosistema, los recursos siempre son finitos, y en muchas especies, incluyendo a los babuinos, se hallan divididos según el rango social"

Es más: Según Sapolsky, las hembras heredan el rango social, de manera que se sitúan por debajo del de la madre, o, en su caso, del de su hermana mayor, mientras que en los machos el rango cambia con el tiempo. Puede parecer que el rango se adquiere a través de arduas batallas y peleas por la dominación, pero el hecho es más complicado: Los babuinos se estresan unos a otros socialmente, con el fin de subir en el escalafón social y así tener, por ejemplo, un mejor y más fácil acceso a las hembras.

"acosar a otro macho por tener relaciones sexuales con su hembra, sin luchar abiertamente, sino siendo su sombra incansable hasta que el otro, agotado, deja la relación amorosa" (Sapolsky)

y éste es solo un ejemplo de los factores observados.

Está claro que entre los humanos el rango estaría o debería estar más asociado a factores como el nivel económico-social o intelectual. Pero el babuino nos enseña que el rango social (asociado, como hemos visto, al acceso a las relaciones sexuales) está más asociado a los niveles hormonales. De esta forma, hay que saber cuál es nuestro rango social, porque, de lo contario, el babuino corre el riesgo de ser estresado socialmente por otros machos de categoría inferior. Estos machos, además, suelen actuar, en caso de perder en su particular lucha por el acceso a la hembra o hembras, de una forma que los humanos podríamos decir que cobarde: Esto es, pegando a otro macho más pequeño que él. Puede parecer una broma, pero, entre los babuinos, esto ocurre.

En general, entre los machos dominantes se observa un menor grado de glucocorticoides en sangre. Esto es: Viven con un menor nivel de estrés. El hecho de controlar la situación, inevitablemente, les lleva a tener una mejor calidad de vida, y a la capacidad de enfrentarse mejor a las situaciones cotidianas y, muy especialmente, a los relacionados con la lucha por el rango social y, por tanto, con el acceso a las hembras. A este respecto, Sapolsky destaca que, en el aspecto social, y contra lo que pudiera parecer, los babuinos tienen mayor capacidad de entablar amistad que, por ejemplo, los humanos. Este dato resulta muy revelador, ya que el carácter adaptativo de la vida social de los babuinos está demostrado que está asociado igualmente a un menor grado de glucocorticoides. Además, es indudable que la pertenencia al grupo les depara un mayor grado de protección contra enemigos externos.

Por último, y no por ello menos interesante, paso a describir literalmente un parágrafo del libro de Sapolsky que ha llamado poderosamente mi atención. Se trata del aparecido en la página 166 ("Hembras: Alteración de la libido"), el cual resulta enormemente ilustrativo y denota un gran interés por la sexualidad femenina en general.

"En el apartado anterior hemos descrito el modo el que el estrés altera el mecanismo de reproducción femenina: Las paredes uterinas, los óvulos, las hormonas ováricas, etc. ¿Cuáles son sus efectos en la conducta sexual? Al igual que influye negativamente en la erección o en el deseo del macho de hacer algo por ella, también altera la libido femenina. Se trata de una experiencia habitual en mujeres estresadas por diversas circunstancias y en animales de laboratorio sometidos a estrés.

Es bastante sencillo documentar la pérdida de deseo sexual en mujeres estresadas: basta con pasar el cuestionario sobre el tema y esperar que sean sinceros a la hora de responder. Pero, ¿cómo se estudia el impulso sexual en un animal de laboratorio? ¿Cómo se infiere una urgencia libidinosa en una rata, por ejemplo, cuando mira al macho de la jaula contigua con ojos claros y agudos incisivos? La respuesta es sorprendentemente sencilla: ¿Cuántas veces estaría dispuesta a apretar una palanca para llegar hasta el macho? Es la forma científica cuantitativa de medir el deseo del roedor (o, empleando la jerga del ramo, la "proceptividad"). Un diseño experimental similar se emplea por medio de la conducta proceptiva de los primates. Las conductas proceptiva y receptiva de los animales oscilan en función de factores como el momento del ciclo reproductor. Ambas medidas de conducta sexual pueden alcanzar valores máximos (en torno a la ovulación), lo reciente de la relación sexual, la época del año o los caprichos del corazón (que sea el macho en cuestión). En general, el estrés elimina tanto la conducta proceptiva como la receptiva.

"Este efecto del estrés se debe probablemente al hecho de que elimina la secreción de varias hormonas sexuales. En los roedores desaparecen tanto la conducta proceptiva como la receptiva al extirpar los ovarios a la hembra, debido a la ausencia de estrógenos. Como prueba de ello, una inyección de estrógenos reinstaura ambas conductas sexuales (…) En las mujeres, los estrógenos desempeñan una función en la conducta sexual, pero mucho más importante, los factores sociales e interpersonales lo son mucho más" (Sapolsky)

He aquí, por tanto, un biólogo más que destaca la importancia de la vida social en la evolución y la conducta humanas, tanto masculina como femenina. Sin duda, es un tema que habrá que tratar a fondo. Pero antes, centrémonos un poco más en la psicología evolutiva y en el desarrollo del *pensamiento conceptual*.

## 4. *EL DESARROLLO DEL PENSAMIENTO CONCEPTUAL*

Desde que el empirismo afirmase que el ser humano era un papel en blanco al nacer (cosa falsa), la psicología individual ha avanzado mucho. Gracias en gran parte a la creación de Darwin de "El origen de las especies" a finales del siglo XIX (época en la que la genética apenas si se conocía), famosos psicólogos del sujeto como por ejemplo Freud lanzan la idea de que, por el contrario, el individuo era un todo al que afectaba y/o modificaba el entorno. En qué medida, esa es una de las grandes cuestiones de la humanidad.

La psicología y otras corrientes científicas denominadas ecológicas hacen especial énfasis, gracias al avance de la ciencia y la genética humanas, en que el ser humano es modificable psicológicamente desde el punto de vista de la conducta, si bien esto es especialmente evidente durante los primeros años de vida, mediante el denominado "podado neuronal" (R. Ornstein).

Por ello es tan importante la educación en la niñez y la adolescencia, tanto en la casa como en la escuela. Demonizada por naturalistas como Rousseau, lo cierto es que, si el entorno nos afecta, es necesario adoptar estas corrientes como válidas para la ciencia moderna, y a la educación como valor siempre en alza. No obstante, los entornos traumáticos nos pueden llegar a marcar tanto como la correcta comunicación y educación, por lo que es conveniente estar atentos a ellos. En definitiva, el viejo pulso entre la escuela psicoanalítica y la escuela cognitiva ha quedado, hasta cierto punto, obsoleto: Ahora es hora de estudiar la naturaleza humana en su entorno.

La psicología evolutiva, por su parte, íntimamente ligada a las corrientes ecológicas, está asociada al estudio de la naturaleza humana y el ser humano mismo. Porque no es posible entender, por ejemplo, la evolución humana sin la evolución del cerebro, pero (y aquí es donde entra la ecología) el estudio del entorno se torna también irrenunciable.

Por su parte, H. Pierón, eminente psicólogo francés de la segunda mitad del siglo XX, en su conferencia "El desarrollo conceptual y la hominización" (en "Los procesos de hominización", Grijalbo, 1969), destaca igualmente el hecho de que es imposible entender la evolución intelectual sin entender también el proceso general de la evolución, gracias en gran parte a los cráneos paleolíticos descubiertos, así como el estudio de las industrias, los cuales permiten presumir una evolución de la inteligencia.

Según Pierón, también en algunos vertebrados es posible distinguir funciones mentales de carácter elevado, si bien éstas tienen el carácter de hereditarias y genéticamente adquiridas. Mientras tanto, sólo entre los primates y, sobre todo, los antropoides, se observa el uso de instrumentos.

De cualquier forma, Pierón advierte que no ha podido establecer jerarquías de inteligencias entre los mamíferos, así como entre unos individuos y otros de una misma especie. Así, se ha observado que las capacidades del chimpancé adulto se pueden equiparar a las del niño humano de seis años, y así sucesivamente.

Pierón advierte cómo, a través del lenguaje para sordos, éstos han pasado de ser considerados "idiotas" a una mejor y más normalizada consideración social. Todo ello gracias a la invención y el aprendizaje (en este caso, del lenguaje de signos). Así, se han observado avances importantes en la inteligencia (en general) gracias a un mejor nivel de educación y formación. Esto, que parece obvio, ha costado (y aun cuesta) de ser asimilado. Así, Pierón afirma que

"El niño criado en nuestros mundos civilizados se encuentra integrado, como lo estaría la población primitiva de civilización rudimentaria en el corazón de la selva amazónica, pero en este caso no alcanzaría las capacidades intelectuales del adulto europeo"

Y ello porque el primero vive en la selva, y el segundo vive en Europa. Y, además de ello, según Pierón, por la ayuda inconmensurable del lenguaje articulado. Y he aquí otro gran dilema de la ciencia antropológica y la psicología evolutiva.

En definitiva, la capacidad adaptativa no es comparable entre el ser humano y el resto de animales, siendo ésta una de las características fundamentales de la hominización, y del supuesto éxito evolutivo del ser humano, ya que ha permitido, entre otras cosas, fabricar utensilios y herramientas cada vez más evolucionadas, útiles y eficientes.

Pierón afirma, en lo que respecta a la variabilidad de la inteligencia de la especie humana, que la evolución y acumulación cultural serían, así, la respuesta a todos los males que afectan al ser humano genérico:

"si los vivos son gobernados cada día más por los muertos, esto es completamente natural, pues a ellos les debemos lo que somos; por ellos disponemos de nuestro pensamiento, de nuestra ciencia y de nuestro bienestar" (Pierón)

Por su parte, H. Vallois, en el mismo libro, hace referencia a los rasgos físicos que nos diferencian del resto de animales, y especialmente del resto de mamíferos, que para él son los siguientes:

- A nivel fisiológico: La adquisición de la posición erecta, la forma nueva del cráneo y de la dentadura.
- A nivel neurológico: El desarrollo del cerebro, y el pensamiento conceptual asociado a éste, así como con el lenguaje (que también necesita del desarrollo de sus órganos respectivos)

El pensamiento de carácter neuronal está comúnmente asociado por antropólogos y biólogos al desarrollo de nuestra masa cerebral, y, más concretamente, con el desarrollo de la corteza cerebral o neocórtex. Según Vallois, este desarrollo está también asociado a la extrema duración de la infancia en el ser humano con respecto al resto de antropomorfos. De la misma forma, el lenguaje es un rasgo distintivo de la especie humana, ya que "la aparición de éste fue indispensable para el desarrollo del pensamiento lógico y de la capacidad de abstracción" (Vallois)

Es éste, pues, un rasgo característico e importantísimo a la hora de analizar los rasgos más plenamente humanos.

Como se ha señalado, la estructura de los órganos que favorecieron la aparición del lenguaje puede deberse a la posición vertical, que favoreció la deflexión de la cabeza y el alargamiento del cuello, cosa que puede favorecer el desarrollo de los órganos desarrolladores de *lenguaje articulado.*

### 5. *EL ORIGEN DEL LENGUAJE*

Estrechamente ligado al desarrollo conceptual, nos encontramos el desarrollo del lenguaje, el cual se cuenta entre los caracteres más importantes de los humanos. Asimismo, se ha puesto en relación con el empleo de instrumentos, ya que el lenguaje articulado se encuentra bajo el control cerebral de neocórtex o corteza cerebral.

"En los monos, los sonidos vocales, incluso los de una significación general como las señales de un peligro que amenaza a la manada, son reflejos de complejas excitaciones que actúan directamente sobre el animal" (Bouknak)

Mientras que en el lenguaje articulado están estrechamente vinculados a la evolución de la conciencia, la cual es capaz de globalizar los conceptos, conceptualizar y enriquecer el pensamiento y las formas de éste, rasgo característico del ser humano. De esta forma, se inicia el uso generalizado de objetos, como la "piedra", el "palo", etc. mientras que el animal no tiene esta facultad, y se ve obligado a resolver cada vez el problema que tiene ante sí de nuevo, como nueva experiencia.

"los conceptos se forman como resultado de abstracciones: análisis, síntesis y diversas combinaciones. La representación de las relaciones establecidas se hacen posible en cada momento bajo forma acabada gracias a una actividad particular, la actividad específica de los órganos vocales y las percepciones analíticas correspondientes" (Bouknak)

Decir también que Bouknak hace amplia mención al desarrollo paralelo entre pensamiento conceptual, desarrollo del lenguaje y desarrollo de la industria lítica, de forma que

"las más antiguas piedras trabajadas no tenían una forma fija, y por su aspecto general parecían lascas o astillas obtenidos mediante golpes imprecisos de una piedra contra otra"

Hoy en día se sabe que el principal instrumento utilizado en estas primeras fases evolutivas del hombre era el núcleo, y no las lascas resultantes (al menos en lo que respecta al Paleolítico Inferior). En los procesos evolutivos posteriores se advierte ya una pre-concepción del utillaje. Ello se ve ya en las piedras talladas de tipo achelense, y todas las industrias posteriores, o sea, desde hace unos dos millones de años como mínimo. En la época del Paleolítico Superior se advierte una microlitización de los útiles de piedra, así como una mucha mayor diversidad del utillaje. Pero volveremos sobre todo ello más tarde.

Se puede afirmar que la palabra evoluciona desde estadios inferiores a estadios posteriores de conceptualización y diversificación de usos y costumbres, relacionados con la conceptualización del pensamiento, gracias fundamentalmente a un lenguaje cada vez más rico y diversificado.

De este modo, y si aceptamos la terminología de la antropología y sus postulados, así como parte de los de la escuela marxista, podemos concluir que "homo faber" y lenguaje están íntimamente ligados, y son indesligables de la propia concepción que tenemos actualmente del ser humano, y que, por tanto, evolución física, evolución conceptual y evolución del utillaje son todo una misma cosa, y están todos estrechamente vinculados a la *evolución del cerebro.*

## 6. *LA EVOLUCIÓN DEL CEREBRO*

Aunque hay indicios que apuntan a que la historia humana se remonta más de 4 millones de años en el tiempo, sí es bien cierto que los rasgos típicamente humanos (como he señalado en el apartado anterior) pertenecen en exclusiva el género "homo", y que éste aparece en África oriental por primera vez. El primer representante del género sería "homo hábilis", con su facultad de fabricar herramientas preconcebidas, como así se ve en el registro arqueológico (la industria achelense, y la preconcepción conceptual, se atribuyen a esta subespecie humana). Sin duda que, con la aparición del género "homo", y de "homo hábilis", podemos hablar ya de hombres (y mujeres, claro está). Su posterior desarrollo y evolución ha dado como resultado los llamados "hombres modernos", u "homo sapiens sapiens", al cual pertenecen todos los seres humanos del planeta.

En cualquier caso, hay que resaltar el hecho de que no es exactamente lo mismo "homo hábilis" que "homo erectus", pero éste último se parece mucho a "homo ergaster" (ambos son los conquistadores del continente europeo desde África), y que éstos son, cerebralmente hablando, inferiores a "homo sapiens neanderthalensis", así como de "homo sapiens sapiens" al que, como digo, pertenecemos.

¿Cómo, y sobre todo: Por qué se dieron estos cambios? Parece claro que es obra de la selección natural y de la evolución de las especies, conocida desde finales del siglo XIX. Pero, si admitimos el hecho de que, si hablamos del ser humano, hemos de hablar de la evolución del cerebro, ¿Cómo podemos explicar estos trascendentales cambios? Hoy en día es posible, cuanto menos, describir el recorrido y algunas posibles explicaciones de por qué el cerebro humano evolucionó hasta traernos a donde estamos hoy.

Parece que hubo un enorme salto en un período comprendido entre los 2'5 y el millón y medio de años, entre el primer representante del género "homo" ("hábilis") y su sucesor en la cadena antropológica: "homo erectus". Ello explicaría en buena parte, entre otras cosas, el hecho de los avances en el utillaje (aparición del achelense), así como otros aspectos más controvertidos como por ejemplo el control del fuego. Algunos autores lo vinculan también a la adquisición de las habilidades y hábitos sociales que caracterizan a la raza humana, como por ejemplo los rituales de enterramiento. Aunque yo tengo mis reservas a la hora de adjudicar a "homo erectus" este último hábito social y ritual, ya que considero que son demasiado elaborados para "homo erectus". En cualquier caso, hay algunas evidencias de que ya los australopitecos vivían en familias más o menos estables. Lo que sí parece cierto es que, sin duda, el nivel de cooperación grupal hubo necesariamente de aumentar con respecto a otros primates antropomorfos, en parte para explicar los avances de carácter social que hemos visto, y que veremos más adelante.

En cuanto al cerebro propiamente hablando, el cerebro fisiológico y sus cambios, hay quien vincula el uso de las nuevas herramientas, la ingesta de cerebros de otros animales, o el hecho de andar erguido, entre otras circunstancias, al hecho de que el cerebro haya crecido tanto entre los 2 y el millón y medio de años. En cualquier caso, el camino a la racionalidad estaba sólo esbozándose. "Homo sapiens sapiens" apareció hace sólo 100000 años, según las evidencias del registro arqueológico.

¿Qué fue lo que hizo que apareciese y se desarrollase la materia gris? Sin duda, la selección natural, eso lo sabemos. Y con eso ya sabemos mucho. Pero autores como Robert Ornstein van más allá, al afirmar que la adaptación al medio que supone el crecimiento desmesurado de materia gris ("tenemos un cerebro cuatro veces mayor que el de nuestros parientes más próximos y facultades que van mucho más allá de su horizonte más lejano") se puede deber:

1- Al bipedismo

2- El lenguaje

3- El uso y desarrollo de utillaje.

Sin embargo, en el primer caso por ejemplo, el cerebro no experimentó un cambio repentino en su ritmo de crecimiento hasta el millón de años después de la adquisición del bipedismo. Por ello, habría que descartar la primera posibilidad.

Ornstein, por el contrario, apunta al hecho de que el cerebro es un órgano especialmente sensible al calor. En este sentido, apunta que el desarrollo de la corriente sanguínea de la cabeza como motor principal del aumento de tamaño, asociándolo al cambio de temperatura que hubo que sufrir este órgano al adoptar la posición erecta. De esta forma, se propició el aumento de células, el desarrollo y aumento del tamaño del cerebro, propiciado principalmente por el hecho de andar erectos, y el cambio de temperatura de la cabeza que ello conlleva, lo que llevó a que aumentase el riego sanguíneo, el posterior desarrollo del cerebro y la aparición y el crecimiento desmesurado del neocórtex.

El fenómeno de la hominización, caracterizado por el aumento del cerebro, es matizable a pesar de todo. De esta forma, si lo vemos como un proceso unilineal que lleva desde el mono hasta el ser humano, estaremos obviando, por ejemplo, la existencia de otros primates actuales perfectamente adaptados a su medio. Por el contrario, el género "homo" se caracteriza, a pesar de todo lo dicho, principalmente por el desarrollo del cerebro en el caso de los humanos, al cual se asocia el resto de características de los humanos (excepto, quizás, el hecho de andar erguidos, del cual emanaría dicho desarrollo; de los 750 cc. De capacidad craneana de los "hábilis" a los 900-1300 cc. del "erectus", a los 1600 cc. de los primeros "homo sapiens", y eso sin incluir en la lista a toda la familia de los homínidos, como el australopitecus o el neanderthal, que es un "homo sapiens").

El género homo se diferencia del resto de especies, además, por su cambio de hábitat. Así se muestra en el registro arqueológico, que muestra que la cuna de la humanidad se sitúa en África Oriental. Los hallazgos de "homo hábilis" se encuentran al aire libre, en depósitos fluviales y lacustres. Indudablemente, a ella está ligada la industria material que lo rodea (los primeros artefactos de origen evidentemente humano son de entre 2 y 2'5 millones de años). El achelense apareció hace aproximadamente 1'5 millones de años. Es la industria tradicionalmene asociada a "homo erectus", y prevalece en el registro arqueológico hasta hace solo 100000 años.

Además de todo ello, se constata la coexistencia durante un periodo de aproximadamente medio millón de años la coexistencia de los australopitecos con los primeros especímenes del género "homo", hasta la extinción de los primeros. En cualquier caso, la capacidad craneana (650-750 cc.), la bóveda más alta con la parte posterior redondeada, la zona supraorbital más cercana a "homo erectus", la dentición comparable a la del hombre moderno, y otros rasgos, nos muestra que los primeros "homo" como más evolucionados que los australopitecos, que apenas si contaban con 350 cc. de capacidad craneana, entre otros rasgos diferenciadores.

# PARTE III: LA PERSPECTIVA SOCIAL

## 1. *INTRODUCCIÓN*

Según A. Vandel:

"A pesar del aumento del volumen del cerebro y de su complejidad, y de la posesión de notables aptitudes intelectuales, el hombre no hubiera podido alcanzar la condición humana si se hubiese encontrado aislado. El hombre es verdadero hombre porque vive en sociedad. Si el individuo se hallase abandonado a sus propios recursos, sería un ser miserable. La prueba nos la ofrecen, felizmente en rarísimas ocasiones, pero enormemente sugestivas, los niños secuestrados (como por ejemplo el niño de Nuremberg) o los "niños-lobos" de la India, criados por fieras. Este "test" excepcional ilumina perfectamente la potencia social sobre el desarrollo de nuestra mentalidad. La condición humana reposa sobre la débil e inestable base del medio social y de la educación, pero al librarse del despotismo de la herencia, la humanidad ha podido transformarse y crecer a un ritmo desconocido desde entonces.

Conviene, precisamente, definir exactamente definir lo que es la sociedad. Aceptamos que toda sociedad, animal o humana, corresponde a una nueva etapa de "complificación" de la organización biológica. El reino social -escribió Durkheim- es un reino es un reino natural que no se diferencia de otros más que por su más grande complejidad. Así como las macromoléculas se unen en células, éstas en tejidos y los tejidos en órganos, la sociedad representa las sociedades sinérgicas de los individuos. Pero las relaciones que unen ante sí a los individuos de la sociedad se establecen no en el plano de lo orgánico, sino en el nivel de lo psíquico. Esta es la razón por la cual no se pueden constituir verdaderas sociedades más que en el seno de las poblaciones de amplias facultades psíquicas. La sociedad representa el modo de organización de los seres que han alcanzado un nivel psíquico elevado. El socialismo es la forma que adopta la organización en el nivel social.

Se conocen sociedades animales entre los insectos y los vertebrados. Los primeros están excesivamente alejados de las sociedades humanas, pero que nos pueden ofrecer elementos útiles en la compresión. Por el contrario, los conjuntos de pájaros y mamíferos ofrecen indudables analogías con las sociedades humanas, pues es necesario no olvidar que, independientemente de la hominización, persiste en nosotros mucho de animalidad: la jerarquía social, la imposición individual, la defensa del territorio constituyen prácticas animales que se encuentran, sin grandes cambios, en las agrupaciones humanas.

Sin embargo, la sociedad humana posee cualidades que le son propias de los cuales sólo groseros esbozos se dan en el reino animal.

La sociedad ha jugado un papel de primera importancia en la génesis de la humanidad. No se podría concebir el pensamiento humano y su desarrollo fuera del medio social. Esto es lo que olvidan frecuentemente los individualistas. Pensamiento, lenguaje y sociedad constituyen una indivisible trinidad. Sería vano querer atribuir a uno de estos tres elementos el valor de un factor predominante y original. J. Piveteau, en un estudio consagrado a la evolución orgánica, ha actualizado la noción de "conjunto relacional". La filosofía natural considera hoy las nociones de causa y de efecto en perspectivas muy diferentes a las que caracterizaban a las concepciones clásicas. El tratamiento lógico de los datos aportados por la cibernética ha contribuido plenamente a este cambio de orientación. Sabemos hoy que todo existe en el mundo, y si algún factor modifica alguna parte del conjunto, el efecto producido reacciona a su vez sobre la causa (por feed-back).

Por consiguiente, nos parece ocioso disociar, en el desarrollo de la especie humana, el pensamiento del lenguaje que lo expresa, e imaginar que uno y otro ha podido desenvolverse independientemente del medio social en que nacieron los tres aspectos de lo humano que aparecen de forma concomitante, prestándose mutuo apoyo."

En cuanto a la transmisión oral y escrita, A. Vandel continúa como sigue:

"La vida en común es el origen de la más grande renovación que haya suscitado la aparición del hombre en el mundo. El hombre ha sabido, en efecto, mediante la transmisión oral y escrita, preservar del olvido y de la destrucción el tesoro de la experiencia acumulada por las generaciones precedentes. Una de las funciones esenciales de la sociedad humana es almacenar las concepciones adquiridas por la herencia, no por tradición visual, oral o escrita. En este sentido, la sociedad asume la función que ejerció la herencia en el plano de la inteligencia específica. Este deslizamiento de un plano a otro representa un acontecimiento capital de la historia del mundo: procesos de orden intelectual sustituyen a funciones de adquisición y transmisión de tipo orgánico tales como la creencia y el instinto."

Por último, A. Vandel hace mención en su alocución a la educación, a la cual da una gran importancia dado todo lo dicho anteriormente:

"Esta es la causa (la transmisión oral y escrita) de que el nuevo modo de transmisión que se ha instalado en el dominio humano concede a la educación una función tan fundamental en la sociedad humana. Aunque la educación no sea del todo desconocida en el mundo animal, debe ser considerada como una función principalmente humana. La educación, método psíquico, sustituye como modo de transmisión a la herencia, fenómeno orgánico.

La corteza cerebral no constituye en el momento del nacimiento más que una pura virtualidad; se forma en el curso de la infancia, en función del modo social, lo mismo que el estado de pubertad depende de un cierto medio hormonal.

Así pues, el desarrollo de la vida social, la adquisición del lenguaje y la aparición del pensamiento conceptual ha llevado al ser vivo a su nivel más elevado, que es indudable que con el hombre aparece un nuevo plano biológico. El plano humano ha relevado al plano animal"

(A. Vandel, "El fenómeno humano")

De este u otros modos, resulta imposible, desde el punto de vista de la investigación evolutiva, dar el valor que merecería a la transmisión cultural (o evolución cultural). Uno de los principales valedores de esta antropología de carácter cultural es el estructuralista Levi-Strauss, que hace una clara distinción del comportamiento social de otros animales con respecto al ser humano. De esta forma, el estudio de ciertos animales (los primates superiores) ha demostrado la existencia de normas o reglas sociales entre humanos que no aparecen en estos animales, haciendo especial mención a conductas asociadas al incesto o la poligamia, para diferenciar la conducta de unos y otros. Así, el progresivo avance cultural humano en este sentido parece evidente. En general, Levi-Strauss diferencia entre un mundo de reglas humano y un mundo ausente de éstas entre los monos antropoides, basándose fundamentalmente en la vida infantil de los individuos humanos. Lo cual "no constituye ninguna garantía en cuanto a su conducta de mañana", al menos en caso de los animales, mientras el peso cultural en los niños humanos, y especialmente en los primeros años, sí sería muy de resaltar en la vida adulta del humano, lo cual demostraría la importancia vital de elementos como el educativo, la transmisión y el progreso cultural, que sería de carácter acumulativo (piénsese que se estaba en los años 70 cuando se escribió esto, en pleno auge estructuralista y constructivista). De cualquier forma,

"si la conducta de los seres humanos a partir del cual nos hemos desarrollado hubiese sido tan rígidamente especializada y tan estrictamente ajustada como, digamos, por ejemplo, el comportamiento de animales como los hurones, las ardillas, las hormigas, hubiera sido imposible concebir una evolución hacia la humanidad" (Zuckerman)

Aunque se supone que la forma social habitual de los seres humanos en sus etapas precedentes eran en forma de bandas de unos pocos individuos, resulta importante destacar que la forma habitual y la unidad social básica entre los humanos era la conformada por la unión de un hombre y una mujer (familia), sería de destacar igualmente la importancia del peso de la comunidad, sus valores y tradiciones comunales, con el fin de reglamentar la vida que conocemos como de carácter humano, que, como hemos visto, se transmitía a través del lenguaje y la tradición oral, y ésta a través de la educación. He aquí el porqué de la estructura social u organización social del ser humano, según Zuckerman, y Vandel, entre muchos otros.

Por otra parte, las conductas de permisividad observadas entre las comunidades de los monos antropoides supondrían unas características sociales tales como la existencia de la dominación social. Esto es, la existencia de un macho dominante en la manada, lo cual estaría íntimamente asociado al dominio de la conducta social de la comunidad en su conjunto. Por lo general (según Zuckerman) el comportamiento humano es más colaborativo comunicativamente hablando, aunque esto ya existe, de hecho, entre los monos antropoides. A ello (al progreso cultural humano) contribuyó sin duda la invención de la agricultura, y la vida sedentaria, a lo que siguieron la aparición de las primeras ciudades. De este modo, Zuckerman afirma que estas dos características, a saber:

- Las instituciones culturales que rigen las relaciones entre los sexos, y

- La cooperación en la búsqueda a de alimentos

serían los que diferencian socialmente al comportamiento humano del de los monos antropoides. No obstante, Zuckerman destaca una cierta tendencia animal, perdurable en el tiempo, hacia la poligamia, que estaría asociada a la existencia de un número limitado de hembras en la comunidad. De este modo, y aunque parecería que la vida social de las sociedades humanas estuviera asentada sola y exclusivamente sobre caracteres sexuales y las costumbres comunitarias que limitarían los comportamientos asociados al sexo entre hombre y mujer, de la mano de la *arqueología social* nos daremos cuenta de hasta qué punto lo humano está asociado igualmente a otros valores de carácter (digamos) más superior. Para ello sería necesario analizar la genealogía de los tipos de sociedades humanas a lo largo de la Historia, y no hay mejor instrumento para ello, a mi entender, que la arqueología.

## 2. *LA VIDA ENTRE BANDAS, TRIBUS Y SOCIEDADES ESTRATIFICADAS*

En arqueología es importante, a la hora de estudiar la vida social de los humanos a lo largo de su historia, hacer las preguntas correctas al registro arqueológico. De esta forma, si analizamos la vida social humana, hemos de diferenciar si se trata, por ejemplo, de bandas de cazadores-recolectores nómadas, o si, por el contrario, se trata de sociedades sedentarias, jerarquizadas y/o estatalizadas, por poner sólo un par de ejemplos. Así, el análisis de elementos como el tipo de asentamiento de la sociedad estudiada puede darnos muchas pistas sobre las características y el grado de evolución social de la comunidad en cuestión. En general, algunos autores como Renfrew y Bahn vinculan los diferentes tipos de sociedades humanas con los tipos de asentamiento, pudiéndose distinguir entre:

*-Bandas*, que son agrupaciones por lo general nómadas de no más de 100 individuos, y que son características de la época Paleolítica (aunque hoy

día persisten agrupaciones de este tipo en lugares como Tanzania, o los San en el Sur de África). Hay que decir que en este tipo de agrupamiento social se carece de dirigentes oficiales, "de forma que no hay diferencias económicas o de estatus entre sus miembros" (Renfrew y Bahn).

-*Tribus*, por lo general mayores que las bandas, aunque rara vez son superiores a los varios miles de miembros. El tipo de asentamiento característico es la granja o la aldea estable.

-*Jefaturas*, estratificadas según los rasgos ancestrales de cada miembro, diferenciándose según su escala de prestigio social, y en la que un jefe gobierna al conjunto de habitantes. Hay que decir que es en este grado de evolución social cuando aparecen los templos, residencias palaciegas y la artesanía especializada, entre otras características.

-*Estados primitivos*, caracterizados por la existencia de leyes, así como de un ejército permanente. Aparece el asentamiento plenamente urbano, asociado jerárquicamente a aldeas locales menores. La especialización laboral está ya en fases bastante avanzadas.

En arqueología, el primer rasgo a estudiar a este respecto es la jerarquía de los asentamientos, los cuales nos darán datos sobre la estratificación social de la comunidad o la sociedad en cuestión. Por último, la existencia o no de centros administrativos permanentes nos servirán para diferenciar si nos encontramos ante un tipo de sociedad u otra.

En las sociedades de tipo banda, se pueden hacer ya distinciones en clave de asentamiento, de forma que se puede distinguir entre asentamientos o yacimientos en cueva o al aire libre, siendo el tipo de asentamientos, por lo general, de carácter itinerante. Debido a su antigüedad, hay que analizar con cuidado si la deposición de los artefactos y del registro arqueológico es obra humana, o bien fruto de causas naturales, como por ejemplo corrimientos de agua (posición primaria o secundaria de la deposición). En cualquier caso, a un mayor número de artefactos habría de corresponder un mayor grado de actividad humana. Para ello, es importante delimitar el territorio de actividad de las comunidades de este tipo, desde el punto de vista ecológico y/o de la explotación de los recursos naturales.

En segundo lugar, lo que Renfrew y Bahn denominan "sociedades segmentarias", y que corresponderían, más o menos, a lo que son organizaciones sociales de carácter tribal, y que son, esencialmente, comunidades sedentarias permanentes, caracterizadas fundamentalmente por una economía dependiente de un sector económico de carácter eminentemente primario. Pero veamos esto más detenidamente:

Los asentamientos o viviendas de las aldeas pueden ser o bien de carácter aglomerado, o bien disperso. A su vez, se observan las primeras diferencias en el rango social, de la mano del estudio del ajuar funerario, tanto entre hombres y mujeres como en otras disparidades sociales, que suelen estar asociadas al nivel de riqueza o lo elevado del status dentro de la comunidad. También la edad. De esta forma, se puede distinguir el status por causa de nacimiento, y por causas adquiridas durante la vida del difunto, o atribuido. Ello se observa, aparte de en los ajuares, en las variables del tipo de enterramiento, siendo éstas variables de carácter múltiple. Así ocurre, por ejemplo, con el ejemplo de las sociedades (tribales-jefaturas) que erigieron monumentos megalíticos, los cuales atestiguan una cierta diferenciación social, de manera que a mayor tamaño y complejidad del monumento corresponde un mayor status social del difunto. Además, estos monumentos se pueden considerar como elementos diferenciadores de una comunidad con respecto a otra.

Ni que decir tiene, por su parte, que los enterramientos colectivos se asociarían con un status social bajo, mientras que en las personas renombradas de la sociedad en cuestión el enterramiento suelen ser de carácter individual. De cualquier forma, los contactos entre comunidades se daban (por ejemplo, a través de matrimonios, o de otras clases de intercambio).

Por su parte, en cuanto a la materia estrictamente laboral, se observan las primeras diferencias entre estamentos de todo tipo, y personas que trabajaban la tierra entre ellas y de forma predominante. La aparición del trabajo intensivo (hace unos 10000 años) implicaría un enorme aumento del esfuerzo laboral humano, así como un aumento del conocimiento del medio y de la naturaleza realmente notables. Los monumentos como los antes mencionados, si bien (todo hay que decirlo) es probable que la producción se organizara en torno al núcleo familiar o de la familia en general, para diferenciarlas de la sociedades centralizadas y jerarquizadas, como ciertos tipos de jefaturas, y los primeros Estados. En cualquier caso, la intensificación económica nos muestra que estamos ante unas sociedades de transición. La explotación de canteras y minas así lo atestigua.

Pero qué duda cabe de que, en la medida que avanzamos de unas sociedades menos jerarquizadas a otra más jerarquizadas, la complejidad social va creciendo consecuentemente, aumentando en grado de especialización laboral y de estratificación social. Y, en términos estrictamente arqueológicos, la complejidad de asentamientos, edificaciones y redes de comunicación también, dándose, con ello, una mayor jerarquización y centralización también en el plano del territorio. El diferente tamaño de los núcleos de población podría ser un buen indicador (aunque no el único) de ello. Las diferencias entre los tipos de viviendas revelarán, por su parte, desigualdades entre ricos y pobres.

Por su parte, el desarrollo de la administración de carácter centralizado deja también huellas arqueológicas, como por ejemplo sellos de arcilla (en el caso de Mesopotamia o Egipto). El uso generalizado dentro de un territorio determinado de unos pesos y medidas comunes y uniformes, así como un sistema viario, clave para el desarrollo del comercio, y de tropas militares, por poner dos buenos ejemplos. Aparecen, por otro lado, unas élites, con unas residencias características (palacios), gran riqueza en el ajuar funerario, y otras actividades relacionadas con la representación artística (un caso claro son las pirámides de Egipto, máxima expresión del poder centralizado de su tiempo).

Por último, ni que decir tiene que la diversificación y especialización laboral se agudizan entre la población, mientras que las evidencias muestran el control y distribución de bienes y servicios a través de, por ejemplo, la recaudación de impuestos, así como el almacenaje y distribución de alimentos y otros productos de primera necesidad. Hay que señalar como evidencia histórica el hecho de que el artesanado especializado tienda a concentrarse en los núcleos urbanos.

Aparecen las relaciones entre Estados y las primeras guerras a gran escala, y se supedita el interés de las élites dominantes y el control de la mayor cantidad de territorio y recursos posible por éstas. Igualmente, se atestiguan las relaciones de dependencia de las religiones con respecto al poder centralizado.

## 3. ¿QUÉ ES LA ARQUEOLOGÍA SOCIAL?

La arqueología es una ciencia (o una técnica) de carácter esencialmente práctico. Desde este punto de vista ya hemos visto en qué consiste la arqueología social en el apartado anterior. Pero, no obstante, y como en cualquier otra área del conocimiento, son necesarias ciertas nociones técnicas para hacernos una idea más aproximada del porqué de la arqueología social.

En primer lugar, hay que decir que es en el siglo XIX cuando se desarrollan las ideas evolucionistas y, con ellas, desde entonces, se asientan áreas del conocimiento como por ejemplo la arqueología, y conceptos como los de "edad geológica", que, desde entonces, aparecen en el mundo de la ciencia y el conocimiento. El hecho de aceptar que el ser humano procede del mono (cosa que, por otra parte, no es cierta, ya que estamos emparentados con los simios filogenéticamente por un antepasado común, pero NO procedemos del mono) será ya un gran avance al respecto. La Historia tendrá mucho que decir a partir de entonces también. Así, se empieza a ver la evolución humana como un proceso más o menos complejo y, en principio, de carácter lineal. De este modo, aparecen terminologías asociadas a esta evolución lineal (que en realidad no es tal) como por ejemplo la de Morgan, que tuvo gran repercusión en su época, y que dividía la historia humana en tres fases: Salvajismo, barbarie y civilización. Naturalmente, y gracias en gran parte al avance de la arqueología, nos hemos ido quitando estos estereotipos lineales de en medio. En cualquier caso, la idea de "progreso" no nos ha abandonado, si bien las evidencias arqueológicas se prestan a diversas interpretaciones a este respecto. En cualquier caso, la "evolución cultural", de carácter acumulativo, nos habría traído hasta donde estamos hoy. Pero eso es también debatido por otras escuelas. La arqueología es una ciencia rica y variada en concepciones y términos, y que nos puede ayudar a explicar y mejorar el presente. El nivel mayor o menor en que la liguemos a otras ciencias como la Historia determinará gran parte de esas diferentes concepciones.


Hablemos, en segundo lugar, de la arqueología social, o lo que es lo mismo, una de esas diferentes escuelas en términos teóricos. Surge en las décadas 50 y 60 como respuesta al aparente fracaso de la arqueología marxista, así como la de carácter antropológico (véase Morgan), aunque en realidad sigue teniendo mucho en común con ellas, si bien despojándolas de sus tendencias más ortodoxas, teniendo más en común con el estructuralismo que, por ejemplo, con la escuela marxista estrictamente hablando. En realidad se acepta comúnmente que nació en Gran Bretaña.

Por su parte, los nuevos arqueólogos vuelven a ver un fuerte vínculo entre la nueva arqueología y la antropología, ligándolo a otras ciencias sociales. De esta forma, el enfoque cultural se sigue garantizando, aunque, como digo, desligándose de las concepciones más ortodoxas de otros tiempos. En ello se ha querido ver, como se ha señalado antes, sus enlaces conceptuales con el estructuralismo. Las otras ciencias sociales asociadas serían la lingüística y la etnología, la etnohistoria y la arqueología (además de la Historia), formando todas ellas la arqueología social.

La arqueología social, contrariamente a lo que pudiera sugerir su nombre, niega toda deficiencia objetivista de la realidad económica y social de las sociedades del pasado, pasando a estudiar lo que se llama "Formaciones económico-sociales", dentro de las cuales estarían, entre otros aspectos, el estudio de los modos de producción, ligado íntimamente al ser humano y su evolución en sus medios de relación con la naturaleza, y estando ligados entre sí los individuos mediante las relaciones sociales. De lo primero el más claro exponente sería el estudio de las industrias líticas (asociadas a los diferentes modos de producción). Para lo segundo (las relaciones sociales), autores como Ian Hodder han resaltado la importancia de estas relaciones, hasta el punto de supeditar los diferentes modos de producción a aquéllas (en lo que se conoce como "diferentes culturas o comunidades"). Otros afirman a este respecto que los modos de producción estarían íntimamente ligados a la superestructura jurídico-política, así como ideológica. Todo ello explicaría el amplio espectro de actividad de las comunidades humanas: Naturaleza, trabajo, vida social y organización social. En definitiva, la arqueología social podría ser definida como la arqueología del modo de vida, teniendo en cuenta tanto la condición de la producción como las condiciones sociales de la producción. De esta forma, elementos como el cambio social y su explicación, el linaje, el sexo o la edad, estarían todos agrupados en un solo ámbito de estudio e investigación.

En las últimas décadas, la arqueología social se ha venido caracterizando por sus concepciones comprometidas socialmente. Este hecho está atestiguado especialmente entre los arqueólogos de América Latina:

"Es arma de opresión (la arqueología) cuando estudia el pasado para demostrar el presente, creando la retrógrada conclusión de que todo tiempo pasado fue mejor. Es arma de opresión cuando se usa para crear la historia anónima de los pueblos prehistóricos o ágrafos. Es arma de opresión cuando convierte en objeto el sujeto histórico. La Arqueología, en cambio, es arma de liberación cuando descubre las raíces históricas de los pueblos, enseñando el origen y carácter de su condición de explotados; es arma de liberación cuando muestra y descubre la transitoriedad de los estados y las clases sociales, la transitoriedad de las instituciones y las pautas de conducta. Es arma de liberación cuando se articula con las demás creencias sociales, las que se ocupan de hoy y muestran la unidad procesal de la historia en sus términos generales y en sus particularidades regionales y locales" (Lumbreras, 1981).

# PARTE IV: MARXISMO, ANTROPOLOGÍA PREHISTÓRICA Y TECNOLOGÍAS

## 1. INTRODUCCIÓN

*"El método de Marx.-* Marx siempre insistió en el carácter científico de su socialismo. También insistió mucho en la necesidad de un método y del contenido científico al que éste se aplica.

Según Marx, el contenido de una ciencia, antes de que el conocimiento del sujeto se apodere de él y lo trate, no puede existir independientemente. De esta forma habría que admitir que ese contenido es el dado por una ciencia o de una intuición sensible inmediata, lo que equivaldría a suponer la existencia, anterior a toda experiencia, en un noúmeno. Ahora bien, el método marxista comienza por rechazar cualquier absolutización, bien de verdades eternas, bien de un objeto que existiera por sí mismo fuera del sujeto.

Por ejemplo, la ciencia económica que pretende mejorar categorías económicas es una falsa ciencia, ya que absolutiza una realidad que es, en sí misma, el resultado provisional de un proceso de interacción entre el hombre y la naturaleza. No puede rebasar esta etapa, en la que se ha tomado por un absoluto el saber.

Por consiguiente, es necesario partir de la experiencia humana. En efecto, según Marx el propio mundo sensible no es más que la actividad práctica de los sentidos humanos (quinta tesis sobre Feuberbach) (…)

*El materialismo y el humanismo.*- A) LA NATURALEZA Y EL HOMBRE.- En "Economía política y filosofía" (1844) escribe Marx: "La naturaleza tomada abstractamente, por sí misma, rígidamente separada del hombre, no es nada para el hombre". Inversamente -y Marx insistió mucho más en ello- , no existe hombre (ni conciencia de hombre ni pensamiento) sin la naturaleza y fuera de los intercambios entre el hombre y la naturaleza". Estas dos disposiciones sitúan exactamente el materialismo de Marx: Es un materialismo que no le confiere todo al mundo exterior (…)

B) LA PROCREACIÓN DEL HOMBRE Y LA SOCIEDAD MEDIANTE EL TRABAJO.- El primer gesto mediador entre el hombre y la naturaleza es el trabajo más simple (recolección de frutos).

El hombre de este primer estadio trabaja, labora, fabrica objetos naturales. Ha de concebir un plan, de elegir materiales, de adaptarlos al objeto que quiere alcanzar. Forma su inteligencia. Saca de la naturaleza algo (el instrumento) que se incorpora a su ser, pero que no consume: el instrumento es una mediación entre la naturaleza y el hombre. Desde ese momento las cosas que el hombre trabaja gracias a los medios de trabajo por él mismo fabricados no son ya simples objetos, sino productos creados por él.

No hemos examinado hasta ahora más que la relación hombre-naturaleza, inmediata primero, mediatizada por el trabajo después. Pero simultáneamente a esta primera relación hay una segunda: la relación del hombre con el otro hombre.

Si estuviera rigurosamente solo frente a la naturaleza inhumana el hombre no se conocería a sí mismo, y la naturaleza seguiría siendo eternamente eterna al ser otra. Es preciso que el hombre se reconozca a sí mismo como objeto de su necesidad en la naturaleza, para que ésta se le aparezca como humana. ¿Por qué ocurre así? Porque Marx afirma, desde el principio, que "el hombre no es más que un ser surgido de la naturaleza, con vocación (o intencionalidad) de universalismo, de romper su particularidad, de romper tanto la superación que se enfrenta a la naturaleza como al tabicamiento que le separa de otro hombre, lo que Marx expresa diciendo que en el hombre existe, desde su aparición, el ser genérico" del hombre (...) El trabajo productivo del hombre se integra en ese proceso. No es solamente, como hasta ahora, un acto de mediación entre el hombre y la naturaleza: Desempeña también una función de mediación social.

"Mi" necesidad se satisface por el producto de "tu" trabajo, y recíprocamente. Por consiguiente, el hombre se separa de su producto, no simplemente porque lo ceda, sino porque el producto, incluso antes de ser cambiado, ha sido sustituido por su valor ante el productor. Para que este valor no sea un puro fantasma, su relación con el acto productivo del hombre, debería representar realmente el acto de trabajo. Ahora bien, este valor, en un mercado de intercambio, llega a ser independiente. Cuando el hombre es despojado de sus medios de producción por un apropiador, éste no solo se reserva el producto del trabajador, sino también su valor. El trabajador, frustrado, no tiene más que ofrecer que su fuerza de trabajo. En tal caso, tanto lo que produce como los instrumentos con los que produce, y la misma naturaleza sobre la que opera, son separados de él. Y la sociedad, que consume sus productos, se le vuelve también extraña, ya que el trabajo deja de ser una mediación entre los hombres para convertirse en una fuente de división" (Touchard, "Historia de las ideas políticas", Tecnos, 1993)

Excelentemente recogida por Touchard y sus colaboradores, ésta sería, básicamente, la antropología marxista, anterior incluso a la concepción por parte de Marx del materialismo histórico. Es más, bajo mi punto de vista, lo segundo derivaría de lo primero, al contrario de lo que se creía hasta bien entrada la segunda mitad del siglo XX.

Me gustaría destacar, de entre todos los aspectos recogidos en esta introducción, la del papel del trabajo y, más concretamente, el de la tecnología utilizada por el hombre para relacionarse con la naturaleza (por medio del trabajo): Hablamos del útil, ya sea éste de hueso, madera o piedra, un elemento indispensable para comprender la historia humana y su evolución.

De este u otros modos, la dificultad que para algunos prehistoriadores constituye la definición y distinción de lo que es un hombre de lo que no lo es, siguiendo los rasgos eminentemente físicos, tal como la capacidad craneana, nos lleva indefectiblemente a definir al ser humano, entre otras características, como "homo faber", y a distinguir y clasificar la industria fabricada por los humanos como una de las características esenciales del ser humano. Pues bien: Siguiendo este criterio, autores ya clásicos como Dart afirmaron que los australopitecos eran ya capaces de "fabricarse" su propia industria: Es la llamada "industria osteodontoquerática", a base del aprovechamiento de retos óseos de animales como artefactos (cuernos, mandíbulas, etc.). Hoy se sigue discutiendo esto, aunque la tendencia mayoritaria es la de dudar sobre la existencia de esta industria, al menos de una forma generalizada, la cual, por otra parte, otorgaría a los australopitecos el rasgo de ser ya humanos. Es por razones como ésta por lo que existen tantas reservas a la hora de aceptar el uso y existencia de esta industria tan antigua.

Los primeros artefactos propiamente dichos pueden llevarse a edades comprendidas entre los 2 y los 2´5 millones de años, e incluso antes (hay indicios que indican antigüedades que rondarían los 4 millones de años, pero son solo eso: indicios), atribuibles muy probablemente a un australopiteco, contemporáneo de los primeros especímenes del género "homo".

Hace 1´5 millones de años hace su aparición una industria en piedra que persistirá hasta hace unos 100000 años y que es, por tanto, de enorme importancia: La industria achelense, que es posterior, sin embargo, a otra industria asociada a los primeros "homo": Las "pebble tools" o "pebble culture", o complejo industrial de los cantos trabajados, fechada por encima de los 2 millones de años. De esta forma, parece probado que la existencia y capacidad de fabricar industrias líticas no podría ser otro sino el género "homo": bien lo queramos llamar "homo faber", u "homo hábilis", lo cierto es que este último es comúnmente aceptado como el primer representante del género "homo", ya que sus rasgos antropológicos lo acercan más a "homo erectus" que a los australopitecos (de los cuales provendría). Ello nos hace preguntarnos si realmente nos encontramos ante individuos de especies diferentes, entre especies de un mismo género, o incluso ante una única especie.

# 1. LA MANO Y EL ÚTIL, por R. Bonnardel

Bonnardel critica el adjetivo "Sapiens" que caracteriza a nuestra especie, debido al "frenesí industrial" que nos ha llevado a niveles tecnológicos y sociales poco o nada asimilables por el ser humano actual.

"El término latino "sapiens", que traduce su carácter intelectual "obligatoriamente dotado de buen sentido, sabiduría y producción", para demandar a los hombres de ciencia por haber sido excesivamente generosos y optimistas al bautizar como "homo sapiens" a los seres vivientes desde sus ancestros hasta los actuales contemporáneos".

Por ello, se decanta por la acepción "homo faber" para describir al ser humano, y diferenciarlo del resto de especies del reino animal. Pero este término, con ser "homo" no basta, ya que encontramos (principalmente entre los primates) el uso de herramientas para la consecución fundamentalmente de alimento. En cualquier caso, la tecnología humana se caracteriza (nuevamente para diferenciarla del reino animal) en unos puntos y características, que según Bonnardel son:

"1) Permanencia en mayor o menor grado de variabilidad y adaptabilidad de las actividades de una especie dada, opuesta al considerable desarrollo de las técnicas humanas en el curso de las edades.
2) Transmisión hereditaria global de la técnica especial utilizada en el caso del animal, opuesta a la primacía del aprendizaje, de la adquisición social de la técnica en el hombre.

3) Utilización, como máximo, de órganos corporales especializados en el animal, opuesto, en el hombre, a la invención, a la fabricación y empleo de útiles relativamente simples en los tiempos más antiguos, empleando progresivamente aparatos y máquinas cada vez más complejas.

4) De los rasgos procedentes se deriva la potencia de las posibilidades actuales de acción del hombre sobre el medio en que vive. La invención de los primeros útiles y su perfeccionamiento son el origen de esta potencia" (Bonnardel)

En cualquier caso, resulta evidente que la mano no es un elemento tan sofisticado como se pensaba, sino que, por el contrario, es un arma bastante rudimentaria, equiparable a la de ciertos reptiles y mamíferos. De esta forma, la mano, por sí sola, no serviría más que para recoger las sustancias y alimentos a su alcance en la naturaleza. Era necesario, por tanto, el invento del útil, sin el cual no podríamos entender la vertiginosa progresión que ha sufrido la tecnología humana en los últimos miles de siglos, mientras que el resto de animales en libertad (otra cosa son los resultados obtenidos a través de los animales de laboratorio) el uso de útiles y herramientas puede considerarse anecdótica. En cualquier caso, la observación en animales muestra la importancia del aprendizaje, especialmente entre animales en cautividad. De tal forma que esta utilización de instrumentos por primates, así como por los homínidos prehumanos, pueden y deben ser consideradas como una "prehistoria del instrumento". A ella pertenecería la tan llevada y traída industria "osteodontoquerática", si bien autores como Leroi-Gourhan mostraron sus reservas sobre su existencia real, basándose fundamentalmente en la gran antigüedad y mal estado de conservación de los restos estudiados por Dart y otros, así como la escasa o nula utilidad real que podría tener la industria de esta industria del hueso (a excepción quizás, de los instrumentos utilizados para romper los cráneos, lo cual sí parece atestiguado entre los australopitecos, mientras que por ejemplo los cuernos podrían haber sido utilizados como arma). Además, el uso del hueso en el utillaje nos muestra las evolucionadas y sofisticadas fases industriales posteriores de, por ejemplo, el Paleolítico Superior, por lo cual nada haría pensar en que ésta devenga de la utilización de aquella.

Por su parte, la industria en piedra, y más en concreto, el enorme avance tecnológico que supone la aparición de la industria achelense (asociada al género "homo") muestra ya una escasa, pero cierta diferenciación de útiles en cuanto a su utilización, así como la percepción del objeto a elaborar (cosa que apenas si ocurre en otra industria más antigua, la "pebble culture", la cual estaría asociada exclusivamente al fin inmediato de cortar y machacar).

"Se ha insistido frecuentemente en el hecho de que lo característico de la especie humana no es tanto la utilización del instrumento cuanto la invención, la fabricación".

Siendo la invención del individuo en su propio beneficio la característica fundamental de la industria humana (y no el beneficio de la especie).

En opinión de Bonnardel, el hecho de que se rechace tan enérgicamente el uso y existencia de industria del hueso por parte de los australopitecos es parte del prejuicio que supone admitir que estos individuos pre-humanos tenían la capacidad de usar y fabricar utillaje y/o tecnología. Por ello se ha hecho especial énfasis en el estudio de las características físicas como, por ejemplo, la capacidad craneal, y más en concreto en el desarrollo del cerebro.

## 2. LA INDUSTRIA DE LA PIEDRA

Como venimos diciendo, la especie humana ha sido definida muchas veces en función de su especial habilidad para fabricar herramientas. Si bien (y esto también lo hemos visto) no es la única especie capaz de utilizar utensilios (pensemos en la cabra que coge una rama con la boca para rascarse el espinazo), el progreso humano, y las especiales características del utillaje ideado, dan al progreso humano, en general, una importancia crucial para entender nuestra especie. De este modo, podemos decir que desde los primeros utensilios de piedra, hasta las más modernas máquinas actuales, forman parte indivisible del ser humano, y es inevitable su estudio si queremos estudiar eso que se ha dado en llamar progreso humano. Pero, ya que hablamos de los tiempos prehistóricos, hemos de centrarnos muy especialmente en el utillaje de piedra. Ello no quiere decir que nuestros antepasados no usasen otros materiales como la madera o el hueso, pero, en la mayoría de los casos, la evidencia es en forma de piedra (tallada). De esta forma, las diferentes formas de talla, y su relativa uniformidad, al menos en los primeros estadios, durante el Paleolítico Inferior, Medio y Superior, son diferentes, y podemos decir que perfeccionados conforme nos acercamos más al hombre actual. Ello no es del todo cierto, sin embargo, si tenemos en cuenta la evidencia etnográfica de ciertas comunidades actuales que, aún hoy, siguen fabricando su utillaje tal y como lo hacían nuestros antepasados paleolíticos (con diferencias culturales).

Como señalan Renfrew y Bahn

"En la mayoría de los casos, los útiles líticos se elaboraban retirando material de un canto o "núcleo" hasta alcanzarse la forma deseada. Las primeras lascas extraídas (lascas de primer orden) contienen restos de la corteza exterior (corteza). Luego se extraen lascas de retalla hasta conseguir la forma definitiva y también se pueden retocar ciertos bordes, desgajando diminutas lascas secundarias. Aunque el núcleo es el principal instrumento que se produce, de esta forma también se pueden utilizar las propias lascas como cuchillos, raspadores, etc. El trabajo del fabricante de útiles habría variado según el tipo y la cantidad de materia prima disponible".

Del mismo modo, afirmar que la historia de la tecnología lítica muestra esporádicos aumentos del grado de complejidad: De los primitivos choppers y lascas del Paleolítico Inferior, utilizadas para cortar carne y machacar los huesos para obtener el tuétano (es el caso de los útiles olduvayenses de África, pasando por el más elaborado útil achelense: El bifaz, con filos cortantes y firmemente trabajados) fueron los útiles básicos (sobre todo este último) durante más de dos millones de años, hasta la aparición, hace unos 100000 años, de la *técnica levallois,* "en la que el núcleo está trabajado de tal modo que se podían extraer grandes lascas de forma y tamaño decididos de antemano". Pero será en el Paleolítico Superior (hace unos 35000 años) cuando la diversificación de formas en base a las diferentes utilidades, unido a una disminución (microlitización) considerable del utillaje en piedra, asociados en muchos casos a la caza de grandes mamíferos, lo que llevó al trabajo de la piedra hasta límites hasta entonces inimaginables. Hay que decir que este es el utillaje asociado al "homo sapiens sapiens". Esta microlitización fue en parte fruto de la tendencia al ahorro de materia prima lítica utilizable (fundamentalmente sílex). En esta fase se observa también la aparición de útiles a distancias muy alejadas del lugar donde se haya la fuente de materia prima. Además, el útil esencial no es el núcleo, sino las lascas extraídas. También se ha venido observando que mediante el calentamiento de las piezas de sílex, éste adquiere formas muchos más afiladas y duras.

Por su parte, tenemos también la fortuna de conservar un número bastante numeroso de piezas en hueso, asta, o piel, del Paleolítico Superior (si bien es inevitable pensar en su uso desde que el hombre es hombre). En cualquier caso, los crecientes usos del modelado, así como las estrías, dibujos y rapaduras nos muestran e infieren el uso que pudieron tener.

Ya en el Neolítico, nos encontramos con la cerámica cocida, la cual sugiere la existencia de hornos de cocción para estos menesteres. Aquí, el torno de alfarero será un invento crucial, ya en la época pos-neolítica.

Por último, hay que hacer mención a los metales, cuya aparición y trabajo fue de tal importancia que se ha acotado una etapa de la historia específica ("La Edad de los Metales"). Primero el cobre, luego el bronce y, por último (y no por ello menos importante) el uso del hierro marcaría una nueva etapa en la historia del hombre.

## 3. MATERIALISMO HISTÓRICO Y ARQUEOLOGÍA

El gran problema de la arqueología y la historia de carácter marxista es el problema del *determinismo*, de carácter histórico. Detengámonos, seguidamente, en su descripción y explicación:

"Para Marx la historia del hombre en sociedad no es otra cosa que la relación fundamental hombre-naturaleza-hombre. La Historia nace y se desarrolla a partir de la primera medición que pone en relación al hombre con la naturaleza, y al hombre con otros hombres: El trabajo. La Historia es, por consiguiente, la historia de la procreación del ser genérico del hombre por el trabajo y por las relaciones que de ésta se derivan (…)

La Historia no tiene, pues, un fundamento diferente del resto de la realidad. Ahora bien, la realidad, como hemos visto, es dialéctica, posee un devenir. Por esta razón tiene una historia y es Historia. Y también por esto el materialismo histórico no es diferente del materialismo dialéctico: es la aplicación a la Historia de una doctrina para la que toda la realidad tiene una estructura (…)

Ahora bien, para que la Historia sea real y fiel hay que remontarse al primer acto que el hombre realiza y que le hace diferente del resto de la naturaleza y de los animales: La producción de objetos para la satisfacción de sus necesidades. Ahí comienza la Historia y así continúa. Es verdad que de la satisfacción de las primeras necesidades engendró otras, que engendraron a su vez numerosos instrumentos y relaciones de intercambio, etc; y es verdad también que las relaciones sociales se enriquecen y transforman con el modo social de producción. Pero siempre se encuentra al hombre. La historia humana no pude hablar más que del hombre. Ahora bien, el hombre es, fundamentalmente, un complejo de necesidades que se satisfacen mediante el trabajo productivo. Si la Historia pretende cursar los hechos del hombre haciendo abstracción de este hecho histórico fundamental, no puede atribuir las causas de los actos humanos más que a ficciones o a hechos derivados. Existe siempre interacción entre las relaciones sociales y las fuerzas productivas. Estas determinan a aquellas, que, a su vez, engendran necesidades y nuevos medios para satisfacerlas. Así, un cierto nivel de las fuerzas productivas dio lugar a la relación social de la propiedad privada, que reunió a su vez las condiciones para un nuevo progreso de los medios de producción.

Marx rechaza, en tanto que hecho histórico fundamental, la conciencia del hombre. ¿Equivale esto a decir que se encuentra fuera de la Historia y que no desempeña ningún papel? En absoluto. Lo que Marx rechaza es admitir que existiera, fuera de la progresiva autoconciencia del hombre, una conciencia totalmente pura, perfecta, que poseyera, como dios tutelador o como una invisible guía, por encima del ser natural del hombre. La conciencia se encuentra siempre históricamente ligada a la naturalidad del hombre; se desarrolla con él, los progresos de su lenguaje, la de sus relaciones sociales, con las mediaciones cada vez más complejas, y también a través de las alienaciones de las que resulta víctima (pero el hombre alienado, al perder la unidad de su ser real, puede ilusionarse y creer que su conciencia está separada del "mundo profano", que está radicalmente separada de la acción concreta) (…)

Y, sin embargo, no cesa de afirmar que el modo de producción (fuerzas productivas + relaciones sociales edificadas sobre la base de aquellas), lo que Marx denomina infraestructura, determina y condiciona las formaciones sociales de la conciencia (instituciones, morales, ideologías), lo que Marx denomina superestructuras (…)

El hombre es libre, pero con una libertad condicionada. La conciencia es un elemento activo de desarrollo de la Historia, pero no contiene en sí misma el desarrollo. La conciencia es necesaria para que las relaciones se realicen, pero sólo cuando las relaciones materiales se han cumplido, es decir, cuando existe una contradicción entre un formidable desarrollo de las fuerzas productivas y las relaciones sociales edificadas sobre la base del antiguo sistema de producción; cuando esas condiciones se han cumplido la conciencia revolucionaria se liga la experiencia y a la realidad, no es una fastasmagoría"

(Touchard, J: Tecnos, edición de 1993 de su libro "Historia de las ideas políticas")

En definitiva, Marx sostiene que la historia se produce y se reproduce a sí misma, primordialmente, por las características económicas que determinan la existencia del hombre, más que las determinadas formas de pensamiento, que corresponden, en cambio, a las variables de tipo económico y la estructura socio-económica (o sea, el tipo de organización social) dominante. En cualquier caso, la arqueología y la Historia quedan, así, supeditadas, en el ámbito de la conciencia, al ambientalismo, digamos, social, y sometido a los avatares de la evolución económica, la cual llevará, según Marx, un día al triunfo total del comunismo. Pero detengámonos nuevamente en la arqueología, y ciertas corrientes asociadas al materialismo histórico.

El determinismo no es, ni mucho menos, exclusivo del pensamiento marxista (ahí está, por ejemplo, el determinismo ecológico), pero sí se caracteriza por su especial capacidad y énfasis por dividir las épocas y sociedades, en aras de un *evolucionismo lineal* muy característico. Esencialmente, el esquema adoptado ya en el siglo XIX dividía las sociedades humanas (en un sentido progresivo) como sigue:

1º Comunismo primitivo

2° Sociedades esclavistas

3° Sociedades feudales

4° Sociedades burguesas

5° Sociedades capitalistas

Siendo el mecanismo de salto de una etapa a otra la *revolución*, y que acabaría, tras el fin de la sociedad capitalista, en la sociedad comunista, utópica y el más alto grado de evolución social del ser humano.

"Según la definición marxista, el "modo clásico de producción" estaba caracterizado por la propiedad privada de la tierra; la ciudad como centro de la población rural; por la guerra como principal tarea común para defenderse del mundo exterior y del establecimiento de grupos de parentesco superiores e inferiores, o de grupos o tribus conquistadoras y tribus conquistadas" (Alcina Franch)

Ésta sería una de las formas de organización social, característica de las sociedades esclavistas, anunciado por Marx en su texto "Formas que preceden a la producción capitalista", los cuales sólo se publicaron tras la muerte de Stalin. Para Alcina Franch, el pensamiento weberiano sería una interpretación paralela a la reflejada en estos manuscritos marxistas. Para Weber, el desarrollo histórico está ligado a una mayor racionalización, primero de la economía, para después extenderse a los demás aspectos de la vida social y política, "mediante el desarrollo y predominio de la burocratización", que tiene su origen en el desarrollo de las características hidráulicas de las primeras civilizaciones humanas.

Por su parte, otros como Gordon Childe, uno de los más acérrimos defensores de la evolución lineal planteada por el marxismo, en su carácter de prehistoriador de orientación ambientalista, escribió sus obras fundamentales en los años 30. Sus tesis no han pasado aun de moda para algunos prehistoriadores. Así, el esquema evolutivo de la humanidad quedaría como sigue:

1º- Paleolítico – Salvajismo – Sociedades preclánicas

2º Neolítico – Barbarie – Sociedades clánicas o gentilicias

3º Urbanismo – Civilización – Sociedades clasistas

Recordemos que estamos hablando de un prehistoriador. En sus explicaciones destacarán aspectos como el económico, el tecnológico, así como el estudio de sistemas tales como la obtención, conservación y producción de alimentos y materias primas. También sus tesis sobre las diferentes estructuras sociales (prehistóricas), el tamaño de la población, así como el mundo de las creencias y otros aspectos meramente ecológicos (clima, topografía, etc.). Todo ello está magistralmente recogido en su libro "El origen de la civilización", el cual habla, por primera vez, de "revolución neolítica, o urbana", afirmación que ha dado mucho de qué hablar.

Hay otros/as autores, entre los que destaco a Leslie A. White (énfasis cultural), y a Karl A Wittfogel (estudia las formas y evolución de la sociedad china y el "despotismo chino", referidas al estudio de la evolución de los Estados, así como al proceso de domesticación de plantas y animales).

Durante la posguerra (1945 en adelante) autores como Stewart, por su parte, estudiarán las diferencias de desarrollo cultural a raíz de áreas de ocupación diferentes: Mesopotamia, Egipto, China, Mesoamérica, el área andina. Más en concreto, Stewart dividirá la evolución humana en las siguientes fases:

1º Era pre-agrícola o de caza y recolección

2º Agricultura incipiente

3º Formativa

4º Florecimiento regional

5º Conquistas iniciales

6º Edades oscuras

7º Conquistas cíclicas

Cada una de ellas, con sus características diferenciadoras y especiales, y que no requiere, por el momento, mayor explicación. Solo diremos que continúa con la línea evolucionista lineal iniciada ya por Marx y Engels, que ha sufrido, en los últimos 30 años, un desarrollo considerable en cuanto a estudios, libros y autores interesados en la materia. De entre ellas, es de destacar la *ecología cultural,* la cual debe entenderse como la "interacción de procesos culturales con el medio" (Sanders), y que son conocidas en toda su complejidad y amplitud como ambientalismo y que, con origen en Gran Bretaña, se desarrolla gracias al trabajo de autores angloamericanos. De todo ello sería un ejemplo el caso de Bertrand Campbell y su obra "Ecología Humana", libro que he utilizado para enunciar mi idea de la evolución humana en la Parte I de este libro, correspondiente al estudio del evolucionismo propiamente dicho.

# PARTE V: "EL IMPERIALISMO ECOLÓGICO", POR ALFRED W. CROSBY

# Resumen

*El presente texto, a modo de epílogo, pretende ser el justo contrapunto a la perspectiva ambientalista, social y marxista adoptada para explicar el fenómeno humano. Ello da lugar a encuadrar dentro de este trabajo un documento que escribí hace ya muchos años, en relación, fundamentalmente, con el problema de la preservación medioambiental, en líneas generales, y que pretende reflejar la evolución y creciente complejidad de la relación entre el ser humano y la naturaleza, desde una perspectiva meramente histórica. En concreto, de cómo el ser humano ha podido llegar a controlar la práctica totalidad del planeta en los últimos siglos (posteriores, por tanto, a la época prehistórica), y que se corresponde, sin duda, con la etapa de mayor impacto medioambiental de nuestra especie (en concreto, Crosby se centra en la expansión del modo de vida occidental y, más concretamente, europeo, en forma de colonización masiva del planeta).*

Es curioso que, mientras que otras etnias de diferente ascendencia a la europea tales como los amerindios y aborígenes e indígenas de tierras que no pertenecen a lo que se llama Europa, que suelen estar en su lugar de origen, encontremos sin embargo población de ascendencia europea por todo el Mundo. Es curioso también el que esta población sea, en la actualidad, la más rica y poderosa de todas en cuanto a capital y negocios se refiere. Estas tierras "colonizadas" son las Nuevas Europas, que comenzaron a ser ocupadas desde poco después de su descubrimiento y, en mucha mayor medida, en este último siglo. Hacia 1920-30, momento de crisis económica occidental, una de las causas principales de emigración-colonización junto al excedente de población. Por último, es significativo señalar que las tierras elegidas para la ocupación suelen ser zonas de clima templado, semejante al clima europeo.

Por otra parte, es de tener en cuenta el hecho de que lo que llamamos Nuevas Europas (los continentes) estuvieron en su día comunicadas y unidas en el primitivo continente al que llamamos "Pangea", que hace unos 180 millones de años comenzó a separarse debido a movimientos geológicos que aun hoy siguen separando los continentes. Esto se demuestra por la similitud en algunas especies animales, aunque en muchos otros casos la evolución a partir de la separación sería diferente.

Uno de esos animales sería el hombre más primitivo, cuya evolución le iría proporcionando progresivamente un cerebro mayor que el resto de los animales. Esta evolución hacia la inteligencia indujo a estos homínidos a emigrar de su lugar de origen (posiblemente África) hacia el Norte: Europa y Asia. El continente americano y Australia no conocían a esta especie tan "intelectualizada", que llegaría a Australia hace unos 40000 años, afectando posiblemente esta llegada a las especies autóctonas (sobre todo grandes mamíferos) del continente, extinguiéndose algunas de ellas por enfermedades nuevas o por la caza masiva de algunas especies. Esto ocurrió también a la llegada del hombre y la mujer al cascote glaciar del Norte. Como legado de todo ello, el hecho más importante es la extinción de algunos animales que fueron borrados de la faz de la Tierra.

Más tarde, el ser humano inventó la agricultura, la escritura y, en definitiva, se civilizaron: Era el Neolítico, que evolucionaría de forma diferente en el tiempo por parte de cada uno de los continentes. Así, los amerindios y los australianos notarían más tarde el desarrollo agrícola y el Neolítico. Así se explica que, mientras que en Súmer aparece la primera civilización urbana (5000 a.C.) sus contemporáneos americanos y australianos seguirían estancados en modos de vida primitivos, en el que las demás especies animales contemporáneas recibían un trato diferente. Así, también las relaciones entre hombres y mujeres serían diferentes.

En Oriente Medio, la población agrícola vivía de las cosechas y del ganado, pero también hicieron los primeros vertederos, acompañados de las primeras enfermedades endémicas y plagas, cosa que afectó en mucha menor medida a las poblaciones que tenían una forma de vida paleolítica. Así, las enfermedades serían extendidas involuntariamente entre las poblaciones más avanzadas, mezclándose y extendiéndose por medio de las relaciones mercantiles o de cualquier otro tipo.

Un ejemplo claro de irrupción violenta de los europeos en su expansión se vería en Siberia, donde actualmente vive una mayoría de población de ascendencia europea, o europea, que, aprovechando el factor militar a su favor para invadir la zona, introdujo productos europeos, algunas especies y, como no, enfermedades nuevas que hicieron estragos entre los indígenas, que casi fueron exterminadas por epidemias. Actualmente está población está creciendo de nuevo.

- *Los normandos y los cruzados*

En términos histórico-biológicos, el Neolítico acaba cuando se domestica al *caballo*. A partir de este momento (3000 a.C.), los avances hasta finales del siglo XV no son comparables en importancia a los de la anterior etapa. Ésta nueva etapa destaca, sobre todo, por la expansión sucesiva de los adelantos neolíticos por el Viejo Mundo.

En el Nuevo Mundo, sin embargo, se avanza bastante en el ámbito social y cultural (nuevas culturas, surgen las ciudades y templos, jerarquías…). En Australia, tampoco se avanza mucho, excepto por la desaparición del "lobo canguro" en el I Milenio d.C. A partir de esta fecha se produce un desarrollo comercial, de población y de las ciudades, que llevará a la sociedad de la Europa Occidental a una necesidad de expansión. Por ejemplo, la navegación hacia el Oeste y sus islas, y hacia el Este. Ambos casos son los primeros intentos de colonización. Islandia, la primera gran colonia europea de ultramar, "dará" a Europa la primera colonia al otro lado de la cordillera atlántica en el Sur de Groenlandia, desde donde los normandos realizaron las primeras expediciones al Norte de América (Vinland), gracias en gran parte a sus avances en tecnología náutica en sus embarcaciones.

Asimismo, es de resaltar la entrada de las nuevas especies de ganado provenientes de Escandinavia e Islandia, que entraron y aun hoy siguen existiendo en el Nuevo Mundo, aunque el índice de domesticación y la morfología los diferenciaría en uno u otro lugar. Además, en Vinland los "nuevos normandos" fabricarían utensilios de metal y piedra.

En una isla tan separada del continente europeo, no es de extrañar que las enfermedades contagiosas (mayormente la viruela) hiciera auténticos estragos durante cientos de años, una vez entrada en la isla. Además, esto, unido a la lejanía del continente americano hizo que no se colonizara densamente el Norte de América a través del enclave groenlandés.

Mientras tanto, se produciría un aumento progresivo en Europa Occidental y Central por recuperar la Tierra Santa, en manos de los musulmanes. También supuso el primer gran intento de expansión del imperio europeo-cristiano más allá de sus fronteras de una forma masiva, pero con consecuencias desastrosas ya que incluso no se ganó terreno a los musulmanes debido a las malas comunicaciones, vías y transportes entre Oriente y Occidente, sino que supuso una expansión y una mayor unión del pueblo musulmán. Todo esto conlleva, por tanto, el hecho de que no se consiguiesen crear asentamientos estables en Oriente, que tampoco contaron con un número de personas capaz de expandir y mantener la cultura occidental. Así, aunque se consiguieron avances importantes en la conquista (Jerusalén), los cruzados volvieron a sus lugares de origen. Pero el enemigo más feroz de los cruzados no fueron los sarracenos, sino las enfermedades (pestes y malarias), muchas de ellas desconocidas para Occidente. Unido a esto, el clima de la zona, la higiene deficitaria, la desnutrición y el cansancio acabaría con la esperanza occidental de arraigar su cultura en la zona, con unas mujeres más resistentes a la malaria que los hombres, pero que no conseguirían engendrar en la mayoría de los casos. Así con todo, los europeos perdieron su última plaza importante en la

Tierra Santa en 1291: Acre, que pasaría a manos de los musulmanes. Las Cruzadas servirían más que nada como una experiencia de la que los europeos sacarían provecho en otras colonizaciones. Además, productos como el azúcar serían traídos y degustados en Europa por primera vez.

En definitiva, estos dos intentos fracasaron en Vinland y Groenlandia (por la lejanía, principalmente) y el Oriente (por la supremacía numérica indígena y por las enfermedades desconocidas para los europeos), conservando solamente Islandia en estos primeros avatares imperialistas.

- *Las islas afortunadas*

Aunque seguramente los romanos conocieran Madeira, Las Azores, Canarias, y posiblemente Ascensión y Santa Elena, y a pesar de que el primer intento, por parte de los hermanos Vivaldi, fracasó (¿fracasó?) en 1291, no sería hasta 1336 cuando se reconocieran las Islas Canarias como colonia europea, mediante Lanzarote Malocello y otros navegantes posteriores.

En las Azores no había población indígena, y se llevaron pronto especies de ganado a la zona, para 1439 se estableció población de forma definitiva. Trigos y glastos se sembraron y cultivaron, aunque la principal fuente de riqueza del archipiélago sería su actividad como escala de navegación en los grandes viajes transatlánticos.

Madeira se compone de dos islas: La mayor de ellas es muy montañosa, aunque en las dos arraigó la ganadería y, aún más, el cultivo de cereales traídos de Portugal. El carácter estrictamente virgen de Madeira y Porto Santo, incluso en lo que a enfermedades se refiere, explica la rápida reproducción de las especies traídas, e incluso, algunas de ellas supusieron auténticas plagas, como los conejos en Porto Santo, que obligaron a los colonos a abandonar sus cosechas y emigrar. Todo esto ocurriría a lo largo del siglo XV, desde su primera colonización, en 1420.

En Madeira sí arraigó el cultivo de azúcar, lo que propiciaría unas muy buenas inversiones, que con el tiempo harían monopolizar en la isla, y ser la dominante de este cultivo en producción y exportación, cuyas plantaciones, necesitadas de agua, serían regadas con la traída de las laderas mediante el sistema de riego del tipo de las levadas, una gran red de construcciones y túneles que abarcarían toda la isla. Para el anterior acondicionamiento de la isla, los colonos optaron por una salida drástica en unas islas llenas de vegetación virgen: El incendio, y la posterior adaptación para la adaptación, se llevaron a cabo gracias al uso de mano de obra esclava, que se convertirían en otro motor económico primordial para los colonos mediante su comercialización. Entre estos esclavos se encontraban los guanches, pueblo indígena canario que fue prácticamente extinguido por los europeos. Este pueblo descendía de antiguos pobladores del continente africano.

- *el proceso de conquista*

Podemos decir que comenzó en 1402, fecha de la primera incursión en las Islas Canarias, que codiciaban principalmente españoles y portugueses, aunque estos últimos desistieron al colonizar Madeira, que mantendría a partir de entonces una estrecha relación con las Islas Canarias. En estas últimas, resistieron los guanches a la invasión en Gran Canaria y Tenerife principalmente, ayudados por su territorio arbolado y en el que los invasores tuvieron dificultades para avanzar, pero a pesar de esto, y de su inferioridad numérica, contaron con ventajas definitivas: Armamento y supremacía naval, la desunión entre los guanches, y las ayudas aliadas procedentes de alguna isla. El resultado: Miles de guanches esclavizados, e impresionados por una cultura tan avanzada tecnológicamente que acabarían pronto cultivando ellos por ellos mismos especies como el caballo, propias de Europa y Asia, y que sería un elemento determinante, en algunas zonas, para la conquista. Además, los elementos patógenos europeos harían estragos entre una población que apenas si conocía la enfermedad. La "peste" que azotó Gran Canaria a principios del siglo XVI y la "modorra", en Tenerife, causarían estragos entre la población indígena.

Así pues, se añadieron a la isla gran cantidad de especies europeas, además de las ya existentes: Vegetales (guisantes, cebada y trigo), y animales (perros, cabras, cerdos, ovejas...) y otras especies como el asno, conejos, palomas... así como la vid, el melón, peras y azúcar, especialmente importante. La abeja doméstica también sería un elemento a tener en cuenta cónsul gran producción de miel. Estos dos elementos, y sobre todo el azúcar, serían los catalizadores centrales de la economía isleña.

Esta intensísima deforestación tendría consecuencias muy negativas para el clima de las islas, ya que entonces se redujo el número de árboles y, por tanto, también se redujo el índice de humedad y precipitación que aun hoy afecta a las islas. La otra pérdida importante sería la pérdida de la raza guanche de pura sangre, muriendo o emigrando.

En definitiva, la conquista de estos tres archipiélagos sirvió para sacar experiencias que serían definitivas para futuras colonizaciones, y fueron la oportunidad de invadir la zonas por muy bien defendidas que estuviesen, así como para comprender que las especies animales y vegetales europeas se podían adaptar a muchas otras zonas, así como la explotación de los nativos, importante fuente de ingresos para el conquistador.

Así, la mayor potencia de Europa en el Renacimiento marcaría posibilidades que se materializarían en los siglos posteriores.

- *Los vientos*

Inequívocamente, Es imposible pensar en las grandes travesías marítimas sin tener en cuenta el viento, ya que la navegación con remo resultaba imposible. Los primeros en poner en práctica estas investigaciones marítimas serían los chinos, más adelantados en el tema de ultramar. Los europeos no superarían estas dificultades hasta después del siglo XV con algunos avances para la localización de la latitud y la longitud.

El viaje de Colón hacia las Américas supuso el primer estudio serio en lo que al viento y la localización en el mar se refiere, por lo que respecta a los europeos.

En el Atlántico y el Pacífico el viento se mueve en forma de enormes ruedas de viento. En cada una de ellas, un carrusel de aire se mueve en el sentido de las agujas del reloj, uno a cada lado del Ecuador, con el del Sur girando a la inversa. Los vientos alisios son, por su parte, zonas con forma de cinturón, de bajas presiones y situadas en zona de calmas a lo largo de los océanos (calmas ecuatoriales).

Las Canarias eran en los viajes atlánticos un punto fundamental, ya que tenían una gran visibilidad desde el mar, y una gran riqueza en pieles, esclavos... pero se encontraban siempre con grandes dificultades a la hora de volver, ya que el viento y la marea iban en dirección Sur. La técnica portuguesa de la "volta do mar" intentó remediar esto buscando los vientos que les llevaron mar adentro del Atlántico para luego esconder hasta que los vientos del Oeste los empujaran de nuevo a las costas portuguesas. Ésta sería la técnica utilizada por Colón, Da Gama y Magallanes.

- *Las malas hierbas*

¿Qué fue lo que propició el crecimiento de la población blanca en las colonias a costa de la población indígena? La aniquilación, o bien la servilización, de los nativos, y el éxito imponente de la agricultura europea, que superó en pocos años a los cultivos indígenas. Fenómenos que hay que estudiar a fondo para comprender el éxito de la colonización.

Por otra parte, habría tres formas de vida que se extenderían de forma genérica atravesando las simas de la Pangea: Las malas hierbas, animales salvajes y agentes patógenos (asociados a los humanos).

Las malas hierbas colonizaron las Nuevas Europas propagando su semilla de muchos modos a través de los océanos, embarcadas en los navíos colonizadores. A América llegarían muchas malas hierbas como los nabos, la mostaza, manzanilla... en México y, en el Perú se desarrolló el trébol.

En Norteamérica las malas hierbas provenientes de Inglaterra (ortiga, llantén, melocotón, naranjo... unidas a otras plantas más estériles) llegaron con bastante prontitud, acaparando mayor territorio que las plantas nativas en un par de siglos. Y es que las malas hierbas son muy combativas, abriéndose paso rápidamente entre las plantas nativas. Mas, una vez han colonizado el territorio, lo fertilizan y desaparecen.

Afortunadamente para los europeos, sus animales domésticos demostraron una gran flexibilidad para la adaptación, resultando muy eficaces en el inicio del cambio de territorio, y es que los futuros colonos europeos eran ganaderos, y su ventaja sobre los indígenas de las colonias de ultramar no tenían tanto que ver con sus plantas de cultivo como con sus animales domésticos. El cerdo, el ganado bovino y sobre todo el caballo se adaptaron rápidamente a las nuevas tierras tanto en el modo de vida salvaje como amansado y, sobre todo en América, el caballo jugó un papel primordial en la colonización. La abeja sería el único insecto domesticado durante las colonizaciones, y también se adaptó muy bien a las nuevas tierras.

Pero hubo otros animales que no fueron invitados a la colonización y que, sin embargo, prosperaron en las nuevas tierras: Las ratas, que en algunos casos fueron un serio problema para algunas colonias.

Para finalizar, diremos que el intercambio de animales entre el Nuevo y el Viejo Mundo fue generalmente unidireccional.

- *Las enfermedades*

Fueron sus gérmenes, y no los propios imperialistas (con toda su brutalidad e insensibilidad) los principales responsables del arrinconamiento de los indígenas y de la apertura de las Nuevas Europas hacia el relevo demográfico. En la propagación de los gérmenes entre estos pueblos aislados se produce la plaga cuando la población colonizadora invade su aislamiento territorial.

La viruela cruza por primera vez las simas de la Pangea a finales de 1518 o principios de 1519, provocando múltiples matanzas entre los indígenas de casi todas las colonias con que se encontraba (aztecas, arawak, cherokee, catawba, omachas, chachehetes...). Pero la viruela era sólo una de la de las enfermedades traídas de Europa; estaban las infecciones respiratorias, las fiebres, las infecciones auténticas, enfermedades transmitidas por insectos, enfermedades venéreas... debilitando las poblaciones indígenas hasta cifras insospechadas, para así afrontar zonas gigantescas en las que el individuo indígena no es sino miembro de la minoría étnica de las Nuevas Europas. Antes de que la masacre ocurriese, la extensa población nativa en el sector oriental de los Estados Unidos la población tendía al régimen igualitario de gobierno (sin ser gobierno propiamente dicho, sino la forma de vida comunal), que irían extinguiéndose, como otros muchos pueblos.

- *El siglo XV: Hacia las costas africanas y americanas*

Los portugueses, en su exploración hacia el sur de las costas africanas, colonizaron las islas de Cabo Verde y, a continuación, encontrarían aguas muy turbulentas en su viaje, sobre todo en el Oeste y Sudoeste del continente. Encontrarían y colonizarían las ricas islas de Fernando Poo y Sao Tomé hacia 1470. En 1487, Bartolomé Días realizó el primer viaje

Atlántico-Índico, y desenmascaró el sentido eólico del Atlántico Sur (que era inverso al del Atlántico Norte).

Colón, en su creencia de que el Mundo era circular, descendió a las Canarias para aprovechar los vientos del Este y llegar a Asia, o lo que en este caso es lo mismo, América. Para la vuelta, se desplazaría hacia el Norte del Ecuador, para aprovechar los vientos del Oeste y, así, llegar a las Azores y España. Así, Colón trajo una enseñanza primordial para volver del Nuevo Continente: No navegar nunca desafiando los alisios del Norte del atlántico.

Por su lado, algunos navegantes portugueses zarparon hacia el Sur africano al mando de Vasco Da Gama en 1497, tras enfrentarse a las tormentas del Sur de Cabo Verde, descendió hacia el sur, hasta encontrar vientos del Oeste y llegar al mar Índico.

Pero, ¿cómo eran los nuevos vientos descubiertos? ¿Cómo atravesar el misterioso océano Índico desde África Oriental hacia la India? Tras varias indagaciones, los navegantes portugueses descubrieron el monzón asiático: El verano continental aspira los alisios meridionales hacia el interior, mientras que en invierno invierte ese flujo, impulsando los alisios septentrionales hacia el sur.

A su regreso de la India, Da Gama se enfrentó a los vientos del Sur, lo que supuso muchas pérdidas humanas en su viaje hacia África Oriental. A pesar de todo, trajo un gran cargamento de especias.

Magallanes zarpó en 1519 y, haciendo escala en las Islas Canarias, se dirigió hacia el Sur dirigiéndose hacia el nuevo continente y llegó al

Pacífico, donde se dirigió al Norte y llegó a las Filipinas, donde murió. El viaje continuó hacia las Molucas, donde se efectuó el cargamento de especias y la vuelta a casa, donde llegarían más de tres años después.

Más tarde se descubrirían nuevos hallazgos eólicos mediante los cuales navegar en concordancia con los vientos de Europa a América (y viceversa, claro está). Tres siglos después de Colón y su llegada a América se empiezan a notar los primeros impactos ecológicos sobre el continente americano: Desertización, extinción de especies y reducción del número de muchas de ellas, como los búfalos. Norteamérica, zona muy poco explorada a principios del siglo XVIII, ya había sufrido también las primeras consecuencias colonizadoras.

- *Nueva Zelanda*

Nueva Zelanda es una pequeña isla con superficie brusca e irregular que tiene un clima cálido y fresco. Está bordeado por el mar, tiene una vegetación abundante y unas especies animales muy diferentes a las europeas y del resto del Mundo. Pero lo cierto es que, hoy en día, muchas de ellas se han extinguido.

Los primeros pobladores fueron los polinesios, que llegaron mucho antes que los europeos e introdujeron la batata. También deforestaron algunas zonas de la isla. Las pieles de las focas y la grasa de las ballenas atrajeron a los europeos, que llegaron en 1789 a la isla, densamente cubierta por los bosques madereros, gomeros y maderas muy útiles para los occidentales. Pero cultivos europeos como el lino no florecieron como les hubiese gustado a los europeos: Era trabajado por los maoríes polinesios, que atrajeron a predicadores y/o religiosos. En resumidas cuentas, los maoríes fueron muy utilizados ya que eran buenos conocedores de terreno, así como buenos marineros. Los europeos intentaron, por medio de la procreación y los gérmenes, europeizar la isla (lo cual ocurre todavía hoy). No lo consiguieron.

En el período comprendido entre 1769-1814, a la llegada de los europeos, los maoríes quedaron impresionados con las nuevas plantas: Malas hierbas (alpiste…) así como la col silvestre, que se expandieron rápidamente por la acción de colonizadores y de los propios maoríes, que sembraron especies traídas por los invasores: La patata, así como animales como el cerdo (que encontró gran cantidad de helechos y un clima favorable).

Las enfermedades hicieron estragos en una cultura tan virgen y aislada como los maoríes, lo que produjo una gran bajada en su índice de natalidad. La tuberculosis, enfermedades venéreas y posiblemente otras más letales hicieron mucha mella en la población.

En el período comprendido entre os años 1824-1840, los grupos misioneros se extendieron, haciéndose con grandes latifundios en muy poco tiempo, lo que sí supuso una vía de entrada a los europeos, introduciendo la vaca, trigo, verduras…

Los balleneros maoríes y principalmente europeos siguieron haciendo estragos entre la comunidad de mamíferos, cuyo aceite era fundamental para facilitar la europeización de la isla. Mientras tanto, los trueques resultaban un engaño para los maoríes, que "necesitaban" mosquetes y armas europeas, que resultaron ser un negocio redondo, hasta llegar a un nivel armamentístico desafiante.

Mientras, aumentaba la población animal y vegetal europea en la isla (ajos, apios, berros, melocotoneros -en estado silvestre-), así como ganado vacuno y caballos entraron en la isla en gran cantidad, aunque los caballos encontraron ciertas dificultades de adaptación. Pero este problema se vio reducido por la rápida deforestación.

Hay que decir que en la década de 1820-30 también actuaron multitud de enfermedades: Sarampión, tos ferina, "catarro"... asolaron una y otra vez a la población indígena. Las enfermedades venéreas fueron también determinantes en la extensión de las enfermedades, ya que las mujeres se tornaron lascivas en muchos lugares debido a la influencia invasora, que las encontraba exóticas. Al final de la década señalada, muchos maoríes adoptaron costumbres de los blancos (tabaco, alcohol, cristianismo...) en gran parte por la acción de los misioneros. Así, los maoríes conversos extenderían la palabra de Dios entre sus antiguos congéneres, así como la alfabetización. Todo esto conllevó a la extensión del capitalismo, llegando empresarios, que se apropiaban de los grandes latifundios.

Nueva Zelanda se dio en una encrucijada debido a las transformaciones políticas de la metrópoli, Gran Bretaña: ¿Era realmente interesante la isla? La conclusión fue que sí, si se eliminaba a la población maorí, administrándose sus vidas como cualquier inglés. Resultado: Nueva Zelanda pasó a formar parte del imperio británico.

En el período comprendido entre 1840-1870, Nueva Zelanda tenía "grandes ciudades", las plantas europeas dominaban la isla Norte y Sur. En esta última la llegada fue más tardía, pero el desarrollo se estaba sucediendo más rápido, ya que había pocos maoríes y, además, esto influyó en la ausencia de enfermedades para el ganado (muy pocas especies depredadoras autóctonas), pasando a ser muchas de las especies de carácter salvaje. Por aquella época, las enfermedades venéreas seguían destruyendo las posibilidades de supervivencia de los maoríes, además de la tuberculosis, sarampión… y el alcohol y tabaco. Algunas tribus se lanzaron a la agricultura y el pastoreo, e incluso a los inicios de la industrialización, vendiendo sus excedentes a los colonos e incluso a Australia, y reinvirtiendo los beneficios. El capitalismo arraigaba. Aparecen tribus con sus propios molinos para sus productos. Pero es de resaltar que, curiosamente, en la mayoría de los casos, los grandes latifundios estaban en manos de los europeos, cosa que los maoríes no siempre aceptaron gustosos. Este sentimiento de odio por la usurpación fue creciendo con el tiempo. Algunos se unieron y pidieron la autodeterminación: Se enfrentaron a los invasores, pero fracasaron, al igual que muchas especies autóctonas desaparecieron a favor de otras importadas a la fuerza.

Hoy en día, todos los organismos vivos de Nueva Zelanda son una prolongación de seres vivos occidentales, aunque especialmente hoy en día las especies autóctonas están empezando a crecer de nuevo, si bien el número mayor de especies son de origen europeo. En la "Nuevas tierras" las enfermedades solían ser menos. No existía una raza tan letal para el ecosistema como la raza blanca (hasta su llegada, claro está), con lo que sus territorios eran vírgenes y fértiles a la vida animal. Pero el hombre prehistórico ya intervino desde sus inicios con la extinción de muchas especies animales, según la "teoría de la superdepredación". Así, desde la época de los cazadores-recolectores, hubo zonas a las que éstos no llegaron, o lo hicieron más tardíamente.

Actualmente, y en un futuro próximo, "un mejor nivel de vida y una población en aumento son las dos almas gemelas para la supervivencia de la humanidad" (Campbell), en el sentido en el que el ritmo de alteración ambiental puede llevarnos a una competencia exacerbada por los recursos naturales de carácter no renovable.

Se observa, no obstante, un mayor control de la natalidad entre países más y menos desarrollados, de modo que estos últimos se empobrecen más y más como consecuencia, entre otros aspectos, del aumento poblacional (= mayor presión sobre los recursos disponibles). Esto, en opinión de Campbell, denota una mayor inadaptabilidad a la situación ambiental actual y los cambios sufridos en los últimos años en el sector económico, cuyo rapidísimo desarrollo ha imposibilitado la plena adaptación no ya cultural, sino biológica a las nuevas condiciones productivas actuales.

Aparecen, entonces, enfermedades propias de nuestro tiempo (principalmente en los países desarrollados) como son la irritabilidad, ansiedad, y un larguísimo etc., muchas de las cuales afectan a la química del cerebro, y que aún no tienen cura. Éstas no serían sino resultado de la infelicidad creciente que genera la presión ambiental (selección natural) sobre unos individuos aun evolutivamente inadaptados a los bruscos avances de la nueva situación post industrial, y esto especialmente en el mundo, digamos, rico.

El aumento repentino e incontrolado de los poblamientos sedentarios ha sido y es la causa fundamental del empobrecimiento de los países menos desarrollados, en los cuales se produce el desequilibrio entre "población" y "base de recursos". Además, y como consecuencia de ello, estas "disfunciones" provocan la incapacidad de adaptación a la situación económica global (interdependencia mediante el comercio, frenada como consecuencia de la inestabilidad entre los factores como son el tamaño de la población, los recursos y la productividad).

También como respuesta a esta inadaptación, los países menos desarrollados llaman a los más para que se les ayude a conseguir un mayor "desarrollo", lo cual se traduce en "sobreexplotación ambiental", y también en explotación económica, en forma de mano de obra barata, en estos países, si los comparamos con los sueldos de las metrópolis. Esta forma de actuación lleva a conclusiones malthusianas.

Se hace necesario el cálculo de "valor óptimo" (que no es el máximo) de producción con respecto a los demás factores poblacionales y ambientales de los países, que nos permita acercarnos al necesario equilibrio. Para ello, es necesaria una transformación de la infraestructura económica, así como un cambio de mentalidad hacia el mundo natural, en la que el hombre se vea integrado dentro de la propia estructura de la vida en la Tierra, de forma que, respetando a la naturaleza, comprendamos que nos respetamos a nosotros/as mismos/as.

*Bibliografía básica:*

- Alcina Franch: *Arqueología antropológica.* Akal. 1989.

.

- Campbell: *Ecología Humana.* Salvat (ciencia). 1986.

- Crosby: *El imperialismo ecológico.* Crítica. 1988.

.

- Dawkins: *El gen egoísta.* Salvat. 2002.

.

- Moure: *El origen del hombre.* Historia 16. 1999.

-Renfrew, C ¬ Bahn, P: *Arqueología. Teoría, métodos y práctica.* Akal. 1993, 2011.

- Sapolsky: *¿Por qué las cebras no tienen úlcera?* Alianza. 1994.

- Touchard: *Historia de las ideas políticas.* Tecnos. 1993.

- Ornstein: *La evolución de la conciencia.* Emecé. 1991.

.

- VV.AA: *Los procesos de hominización.* Grijalbo. 1969.

www.ingramcontent.com/pod-product-compliance
Lightning Source LLC
Chambersburg PA
CBHW071445180526
45170CB00001B/460